U0323727

财经素养教育童话

森林银行

风险与保险

沈映春 王天泽 著

西南财经大学出版社
Southwestern University of Finance & Economics Press

中国·成都

图书在版编目(CIP)数据

森林银行.风险与保险/沈映春,王天泽著.—成都:西南财经大学
出版社,2024.1
ISBN 978-7-5504-6083-6

Ⅰ.①森⋯ Ⅱ.①沈⋯②王⋯ Ⅲ.①财务管理—少儿读物
Ⅳ.①TS976.15-49

中国国家版本馆 CIP 数据核字(2024)第 006118 号

森林银行:风险与保险
SENLIN YINHANG:FENGXIAN YU BAOXIAN

沈映春　王天泽　著

总　策　划:李玉斗
策划编辑:肖　翀　何春梅　徐文佳
责任编辑:肖　翀
助理编辑:徐文佳
责任校对:邓克虎
封面设计:星柏传媒
责任印制:朱曼丽

出版发行	西南财经大学出版社(四川省成都市光华村街 55 号)
网　　址	http://cbs.swufe.edu.cn
电子邮件	bookcj@swufe.edu.cn
邮政编码	610074
电　　话	028-87353785
照　　排	四川胜翔数码印务设计有限公司
印　　刷	四川五洲彩印有限责任公司
成品尺寸	148mm×210mm
印　　张	4
字　　数	56 千字
版　　次	2024 年 1 月第 1 版
印　　次	2024 年 1 月第 1 次印刷
书　　号	ISBN 978-7-5504-6083-6
定　　价	35.00 元

前言

财经素养教育是核心素养教育的重要内容之一。北京航空航天大学经济学会作为一个有 22 年历史的大学生学术团体，致力于经济学的研究和经济、金融知识的普及。曾几何时，在一些大学校园里"校园贷"屡禁不止，有些学生在信用消费中陷入债务陷阱。究其原因，除了学生法律意识不强之外，金融知识缺乏和风险防控意识淡薄是主要因素。因此，财经素养教育迫在眉睫，应从小抓起。"森林银行"系列丛书，旨在对少年儿童进行财商培养和经济学启蒙。

　　财商是一种认识金钱、管理金钱、驾驭金钱的能力，与智商、情商共同构成现代社会三大不可或缺的素质。少年儿童阶段是财商教育最好的黄金时期，对少年儿童财商的培养有利于让孩子对金钱和财富有积极的、正面的认识，并促使其养成良好的财富管理习惯，逐渐学会自我管理，规划自己的人生。

　　"森林银行"系列丛书分为收入与消费、储蓄与投资、风险与保险三个板块。从森林中"苹果城"里的主人公——狐飞飞、兔小葵、熊猫阿默、山羊老师等动物们的日常生活开始讲述，巧妙地融入金融、经济学概念和原理，深入浅出，用故事方式多层次、立体化地培养理财的思维方式，让孩子们不仅认识钱、会管钱、会花钱，而且培养其积极的生活、学习、工作的习惯。

　　投资是有风险的，了解"风险与保险"是财商启蒙的重要环节。《森林银行：风险与保险》告诉我们，任何人都需要具备一定的风险意识。在现代经济中，风险无处不在，无处不有。投资收益伴随着风险，高收益高风险，低收益低风险。那如何预防风险呢？风险管理和保险的发展为个人和企业提供了一种有效的应对风险的方式。保险是为了预防风险带来的危害而设置的一种保障机制，个人和企业可以将风险转移给专业的保险机构，从而减少自身承担风险的成本和责任，同时也促进了经济的发展和社会的稳定。保险分为商业保险和财产保险等。选择合适的个人保险，可以规避风险，确保自己及家人的安全与幸福。保障和改善民生是我们追求的目标，让弱有所扶、难有所帮、困有所助，推进社会救助高质量发展。孩子们可以了解到社会救助的多种形式：义卖、志愿者活动、善款捐赠等。

除了保险知识，本书还涉及更为宏观的经济学层面，如经济全球化、国际贸易……书中苹果城与椰树国、雨林国、香蕉城等国家的国际贸易不断增加，就是经济全球化的表现。通过国际贸易，每个国家发展自己的优势产业，互利互惠。经济全球化有双重效应，一方面能促进国际贸易的发展，降低本国商品价格，提升生产的效率；另一方面会加剧市场竞争。主人公们生活的苹果城应积极地参与苹果贸易，促进苹果的出口，增进苹果城的福祉。再比如说垃圾分类，可以减少污染，降低资源消耗，让孩子们明白"保护环境，人人有责"，从小树立良好的生态环保意识。

目录

1

森林银行：风险与保险

角色介绍

● 狐飞飞

有着一身火红色皮毛，还有长长的狐狸尾巴。性格活泼，好奇心强，乐于助人，阳光开朗，但有时候会惹出不小的麻烦。最喜欢草莓冰淇淋，以及玩具小汽车。

● 兔小葵

雪白的小兔子，长着两只长长的大耳朵。性格文静，不爱运动，是班里的学习委员，很受同学们的欢迎。喜爱葵花和漂亮的裙子。

● 熊猫阿默

长着小圆脸，有一双大大的黑眼圈。不善言辞，很有主见，经常和狐飞飞在一起玩。喜欢读书和旅行。

● 山羊老师

戴着一副小小的眼镜，性格和蔼，有耐心，是小朋友们最喜欢的老师。喜欢和孩子们一起玩，爱好画画。

引言

在静谧无垠的森林深处，有一座漂亮的城市，叫作苹果城，城里处处种满了苍翠的苹果树，树上结着香甜多汁的苹果，每到苹果收获的季节，这里处处都飘满苹果清甜的芬芳。

在城市正中央的森林广场上，有一棵与众不同的苹果树，它的树干是金色的，树叶是金色的，就连结的苹果，也是金灿灿的！

据说，这棵金苹果树是森林银行的老行长——金猪先生种下的。最初种下的时候，它还只是一颗普通的苹果种子，可不知道从什么时候开始，它慢慢长成了一棵金灿灿的大树，再然后，它竟然结出了金色的苹果！

苹果城的科学家们对着这棵不一样的苹果树观察了很久很久，终于得到了一个惊人的发现：只要苹果城里的动物们做出有意义的经济行为，金苹果树就会结出一颗圆滚滚的苹果；可一旦动物们做出不恰当的经济行为，金苹果树就会掉落一片叶子。

原来，这是一棵充满智慧的苹果树啊！

金猪先生将这棵树捐给了苹果城政府，而苹果城政府也将这棵树视为国宝，为它修建了一座宽阔的森林广场。

现在，这棵繁茂的金苹果树正在孔雀市长的指导下，被市民们精心呵护起来，在阳光下结出闪闪发亮的金苹果……

突如其来的大雨

蝉鸣声逐渐响彻院子的每个角落，空气开始变得
燥热，白天的时间一天天变长。这意味着春光将要离
去，热辣辣的夏日登上了舞台。

狐飞飞趴在桌子上奋笔疾书，正与作业大战三百
回合。

咦？你说为什么假期才刚刚开始，狐飞飞就这么
勤奋地写作业？

原来是狐妈妈正拿着鸡毛掸子，站在狐飞飞背后，
督促他写作业呢。

哎，母亲大人所迫啊……

狐妈妈之所以要督促狐飞飞写作业，是因为她想
带狐飞飞前往城东郊区的狐爷爷家过暑假，但又怕狐

飞飞到那边后在麦田里玩疯了，所以提前看着他把作业完成。

一想到假期可以在狐爷爷的麦田里打滚，和小朋友们捉迷藏、爬树摘枣，狐飞飞写作业的动力就更强了，没几天就把假期作业完成了一大半。

狐妈妈看狐飞飞的作业完成得差不多了，于是收拾行李，带着狐飞飞一起去了狐爷爷的家里。

"爷爷！爷爷！"

一跳下车，狐飞飞就飞奔向狐爷爷的院子。

此时的狐爷爷正戴着遮阳帽，准备去麦田里看看情况。看到狐飞飞来了，狐爷爷一下子咧开了嘴角，一把抱起了狐飞飞。

"飞飞来了，怎么样，要不要现在跟着爷爷去麦田里看看？"

"麦田！好啊好啊！"狐飞飞抱着爷爷兴奋地点着头。

狐爷爷又为飞飞拿了一顶遮阳帽，爷孙俩慢悠悠地朝着村外的大片金黄麦田走去。

狐飞飞跟着爷爷来到麦田，看见田地里的麦子结着大大的麦穗，麦穗沉甸甸的，已经压弯了麦秸。金黄色的麦子随着初夏的暖风轻轻地摇摆着，赞美着这世界最伟大的劳动。

狐爷爷在麦地里检查麦子的情况，狐飞飞则在麦地里奔跑玩耍。可没过多久，田间的风似乎变大了，伴随着逐渐降低的温度，刚刚还耀眼的太阳也悄悄躲在了云层之后。

狐爷爷眉头一皱，望着天上积云形状的变化和远方似有似无的乌黑色。

"飞飞，快回家和狐妈妈、狐奶奶说，带上收割麦子的机器到田边来，大雨就要来了，今年要提前收麦子，我去找村长，让他通知大家一起收麦子。"

狐爷爷一边牵着狐飞飞一路小跑回了村子，一边嘱咐着说道。

狐飞飞只觉得事态突然变得如此紧急，还没有玩够呢，怎么突然就要收麦子了？

那天下午，全村的居民们都在帮忙收割农田里临近成熟的麦子。

狐飞飞一边跟着妈妈运送收割下来的麦子，一边提出疑问："妈妈，麦子不是还差几天才成熟吗？为什么爷爷要提前把它们收割呢？"

狐妈妈擦了擦额角的汗，对狐飞飞耐心地说道："大雨马上就要来了，麦子成熟的时候，天上的雨水会严重影响它们的质量，籽粒反复吸水膨胀会造成不规则变形。所以我们要在这场大雨之前把麦子收完。"

8

"天呐！怪不得这么紧急！"狐飞飞听到这，更加卖力地和大家一起运送麦子。

时间一分一秒地流逝，农田里大半的麦子已经收割完毕，雨就在这时倾泻而下。豆大的雨点瞬间砸下，众人顿感措手不及。

狐妈妈害怕狐飞飞感冒，带着他先回了家，而狐爷爷穿着狐奶奶送来的雨衣，继续在农田里抢收麦子。

"妈妈！"狐飞飞不安地看着窗外的大雨，"田里还有一部分麦子没收完呢！怎么办啊，那些麦子可是农民伯伯付出了一年的心血才种出来的！"

狐妈妈也是一脸担忧，她取来干净的毛巾轻轻擦着狐飞飞被淋湿的毛发。

"没办法，今年这场雨来得太突然了，我们已经尽最大努力去减少损失，种庄稼就是要面对这样的风险。"

"风险？风险是什么意思呢？"狐飞飞从毛巾里探出头来问。

"我们往往会投入很多时间和精力去做一件事，同时希望我们的付出会获得相应的收获。但有时候可能会受到各种因素的影响，导致我们的付出并没有取得收获，这种收获受到损失的可能性就是风险。"

"哦！"狐飞飞好像有些懂了，"所以农民伯伯们一年的辛苦付出因为受到了天气因素的影响，产量与质量都受到了损失。这就是种植农作物的风险吗？"

"风险强调的是一种可能性与不确定性。麦子成熟期的这十几天，我们可能会碰上艳阳高照、晴空万里，也可能会遇到像今天这样的倾盆大雨，这种由于外界天气的不稳定性而导致的收获结果的不确定性就是风险。"狐妈妈继续耐心地说着。

"时间已经很晚了，先睡觉吧飞飞。"狐妈妈带着狐飞飞洗漱完回了房间，"其他疑问等爷爷回来了再去问问爷爷。"

"好吧。"狐飞飞乖乖地躺在床上。

时间确实不早了，狐飞飞连打了几个哈欠，听着雨声哗哗，逐渐进入了梦乡。

风险从哪来？

第二天清晨，雨还未停，天空是蒙蒙的灰色。

伴着淅淅沥沥的雨声，狐飞飞慢慢睁开了眼。看着窗外滴滴答答的小雨，他忽然想到昨夜的倾盆大雨和没来得及抢收的麦子，于是他立刻清醒过来，掀开被子跳下床，跑出房间。

"爷爷！"狐飞飞一路跑到厨房，找到了正在蒸包子的狐爷爷。

"爷爷！昨天剩下的麦子收完了吗？"狐飞飞看着把包子放进笼屉里的爷爷，焦急地问。

"收完了，昨晚我和隔壁的黑牛爷爷一起忙活到很晚，总算收完了全部的麦子。唉，这批麦子可惜喽，成熟的麦穗淋了雨很容易发芽的。"

爷爷一边叹了口气，一边又拿出来两颗鸡蛋，放在狐飞飞手心里："飞飞来，先吃鸡蛋。"

"这样啊……"狐飞飞有些难过，剥鸡蛋的手都慢了下来。

"爷爷，你们辛苦了一年，最后却……"狐飞飞的声音慢慢哽咽了。

爷爷看到狐飞飞一副要哭的样子，立马把飞飞抱在怀里。

"哎呀，飞飞怎么还哭了！"

狐爷爷摸了摸飞飞的头："其实这种事并不少见，做任何事都有风险的，只要我们足够认真，及时观察到环境的变化，即便不能避免风险，也能最大限度地降低损失。"

狐飞飞听到这，不解地问："风险到底是从哪里来的，为什么爷爷们辛勤的付出却要受到风险的影响呢！风险真讨厌！"

狐爷爷笑着安慰道："因为我们不能保证麦子成熟的那几天天气是晴朗的，天气的不确定性就是农业生产的风险之一。其实不光是大雨，洪水、火灾、地震甚至是虫灾等各种自然灾害，都是农业生产的风险，是我们从事农业生产和经营过程中易遭受的不可抗力和不确定事件……"

蒸包子的笼屉冒着热气，里面的小包子已经热好了。狐爷爷一边和飞飞解释着农业生产的风险，一边把蒸笼从灶台上取下。

恰好狐妈妈从房间里走出来。

狐妈妈说："风险就是来源于环境的不确定性。不光是农业生产会遇到不可抗力的自然因素从而产生风险，各行各业所在的环境都会产生风险。因为所有的客观环境、每个个体的主观思想都是瞬息万变的，变化的环境最终产生了无法预测也不可抗的风险。"

"那我们家门口那栋很高很高的百货大厦也会面临风险吗？"狐飞飞问道。那栋百货大楼里面有那么多的货物，大楼那么高，门口有好多保安叔叔站岗，看上去很安全。

"百货大厦也身处于千变万化的环境之中啊。从宏观角度看，如果苹果城的经济环境不够稳定，出现了经济危机，大家都失业了，没有钱去买百货大厦的商品了，百货大厦就会遭受巨大的打击，很难维持运营。万一出现了战争或是世界范围的经济危机等，同样会严重影响百货大厦的运营。所以即便是咱们苹果城最大、运营年份最久的百货大厦，也要面临着来自宏观经济、政治、技术等各个方面的风险。"

"哦，原来如此。"狐飞飞点了点头。

狐爷爷拍了拍狐飞飞的小脑袋，端了一盘包子放在飞飞面前："快来吃早餐吧！今天有你最爱的糖包子。"

"好耶！最喜欢吃糖包子了，谢谢爷爷！"

腿上的大淤青

狐飞飞在城郊的狐爷爷家整整上蹿下跳了两个月，每天在太阳下爬树、打滚，都被晒黑了。现在的狐飞飞已经从一头小红狐狸变成小棕狐狸了！

这天，狐飞飞在和小伙伴们玩着追逐游戏，狐飞飞正欢快地奔跑在乡间的小路上。

谁想到由于年代久远，小巷子里的一处台阶塌了一节，狐飞飞一个不小心就在楼梯上踏空了。

在楼梯上摔倒了的狐飞飞腿磕青了一大块！

晚上，狐飞飞趴在床上，狐妈妈拿着跌打损伤的药膏轻轻地涂在狐飞飞左腿淤青的地方。

"飞飞，下次玩一定要注意点，怎么摔得这么严重！"狐妈妈一边涂着药膏，一边心疼地说。

狐飞飞不好意思地挠了挠头："台阶不知怎么塌了一节，我也没发现，跑的时候踩空了才会摔倒的。"

"你呀，下次一定慢点跑，知道没！"

"知道了，妈妈！"狐飞飞冲着狐妈妈撒娇道，"我没料到台阶塌了，这是受到了风险的影响。"狐飞飞想到了前几天刚学的风险的概念。

"你这可不全是因为台阶的原因，如果你能更仔细地观察路面，慢点跑，你就不会摔倒了。"狐妈妈纠正道，"这完全是可分散风险，是可以避免的。"

"妈妈，什么是可分散风险?"狐飞飞摇了摇毛茸茸的大尾巴，好奇地问道。

"整条路的平整度是我们无法以一己之力改变的，这就像经营公司时在市场中遇到的系统性风险，这种风险带来的影响是普遍的。一条不平整的路，大家走上去都会容易摔倒。但是我们遇到的风险还有非系统性风险，也就是可分散风险，这种风险是由特殊因素引起的，比如在经济市场中企业的管理问题、上市公司的劳资问题以及个人的投资偏好等，都是引发非系统性风险的原因。你自己因为粗心大意，没有注意到台阶塌了一节，又跑得太快，刹不住步子，最后摔倒了。其实，如果你再细心一点，或是跑得慢一点，是不是就不会有摔倒的风险了？"

"我知道了……"狐飞飞抿了抿嘴角，又小声嘀咕着，"妈妈好啰嗦哦。"

"狐飞飞！"狐妈妈似乎听到了狐飞飞的抱怨，"你说什么呢！"

"啊？我说，风险真不是个好东西！"狐飞飞一拳砸在枕头上，义愤填膺地说。

"飞飞，你看，之前的大雨让爷爷的麦子收获变少了，你也因为自己的粗心磕出了这么大一块淤青，风险都给你们带来的坏的影响。爷爷受到了自然因素带来的风险的影响，麦子减产，造成了经济损失。经济损失也是市场中最常见的一种风险，公司会因为经济、法律、政治环境变化等风险，出现利润降低甚至亏损。也因为风险的存在，个人会面临健康问题，公司会面临技术、声誉形象等方面的损失，甚至整个社会的治安都会出现问题。"

"天呐！这么严重！"狐飞飞惊讶地跳起来，"风险这个大怪物真可怕！"

"对啊！所以我们一定要尽力减少风险。虽然系统性风险我们不能改变，但是非系统性风险一定要降低降低再降低！"

"知道了，妈妈！"狐飞飞认真地点头。

"最重要的是，下次走路一定要看路！可不能再跑着上楼梯了！"

"知道啦！妈妈已经说过好多遍了！"

新学期的第一个作业

当太阳不再如火炉一般炙烤着大地，蝉鸣声不似盛夏那般喧嚣，风也带来些干爽的味道，暑假的美好时光就要接近尾声了。

狐飞飞在狐爷爷家待了整整一个假期，变高了也晒黑了。一个暑假没见学校里的小伙伴，又在狐爷爷家经历了那么多有趣的事情，他已经迫不及待地想和朋友们分享了！

新学期开始了，今天是开学第一天。

狐飞飞整理好自己的书包，蹦蹦跳跳地朝着森林中心小学的大门走去。

咦？那个熟悉的穿着白色裙子的背影是谁呢？

狐飞飞远远地就瞧见兔小葵背着小书包走在桂花树旁。他放轻脚步，悄悄地移动到兔小葵的身后，准备吓她一大跳。

"嘿！"狐飞飞在兔小葵身后猛地大叫一声。

兔小葵的脖子缩了缩，继而转头看着狐飞飞笑道："哼哼！狐飞飞！我就知道是你，我早就听到你的脚步声了！"

不过，兔小葵在看到狐飞飞的那一刻，着实愣了一下，都不敢认了。

"你暑假去哪里玩啦，怎么毛色都变黑了这么多？"

"我去爷爷家里过的暑假，爷爷家住在麦田上，那边可好玩了呢！"

一提到暑假生活，狐飞飞全身上下连毛孔都兴奋起来。

"真的吗？你快和我说说！"

"我去的时候，爷爷的麦子还差几天就彻底成熟了，谁知道天有不测风云……"狐飞飞说到这，故意顿了顿，把兔小葵的好奇心都勾了出来。

"到底怎么了？你快说啊狐飞飞！别卖关子了。"熊猫阿默不知从哪里探出头来，笑着催促起顽皮的狐飞飞。

"……然后，忽然就阴天了，眼看要下起瓢泼大雨！爷爷马上让我通知家人来农田里收割麦子，因为成熟期的麦穗要是被雨淋了的话是会发芽的，就不能吃了！"

"天呐！"兔小葵和熊猫阿默一起发出感叹。

三个小伙伴并排走进森林中心小学，在教学楼的楼梯转角处，正巧遇见山羊老师抱着新学期的教案从办公室里走出来。

"山羊老师好！"三只小动物齐声向一个暑假没见的山羊老师问好。

一行人来到教室，山羊老师走上讲台，和蔼地和大家打了个招呼。

"同学们，听说大家假期里都经历了很多有趣的故事，山羊老师就邀请几位同学来分享一下自己快乐的暑假生活吧。"

可爱的绵羊咩咩说了自己在服装店兼职的经历，聪明的小猫秋秋介绍了自己和爸爸在假期设计发明的新装置……

狐飞飞可不会错过这样的机会，把自己的小手高高举起，生怕山羊老师看不到自己。

"狐飞飞，你来说。"

狐飞飞听到自己被点名，高兴地站起来，一边说着一边手舞足蹈地比划着。

"我假期去爷爷家里玩，还了解了一个新的概念——风险！因为突如其来的暴雨，我们不得不抢在下雨前争分夺秒地收割麦子……爷爷和我说，因为农业生产时，天气千变万化，很难预测，存在不可抗力，所以麦子会受到自然因素的影响，有减产的可能。这种导致成果损失的可能性就是风险。"狐飞飞骄傲地摇着火红的大尾巴。

山羊老师微笑着点了点头："你说得很对，风险的存在确实会使我们的付出达不到预期的结果。那我们要如何预防风险呢?"

聪明的兔小葵举起了手:"我觉得我们可以提前预判可能会受到什么样的风险,再针对每一种情况做出应对措施。"

狐飞飞想到了暑假里的那场大雨,也表达了自己的意见:"对!如果狐爷爷能提前架一个大棚,也能很好地躲避大雨,减少小麦的损失。"

小动物们在下面七嘴八舌地讨论着,直到山羊老师在黑板上写下"保险"两个字。

看到这两个字,小动物们讨论的声音更大了。

"保险?这是什么呀?"

"我知道,我看到过妈妈买的保险回执单!听妈妈说,我们家每个人都有保险。"

"真的吗?那我有吗?"

……

"同学们,在我们的现实生活中,大家为了预防风险带来的危害,就设置了一种保障机制,这个保障机制就是保险。"

山羊老师推了推鼻梁上的眼镜，继续说道。

"下面我来布置咱们新学期的第一个作业，小朋友们都回家问问爸爸妈妈什么是保险，保险都有什么类型。期待各位同学明天的分享！"

开学第一天的第一个问题——应对风险的保险是什么？

狐飞飞对此没什么头绪，他要快点回家，好好问问妈妈。

24

什么是保险？

昨天是开学第一天，山羊老师留下了一个作业，要森林中心小学的小动物们问问爸爸妈妈，保险是什么。

狐飞飞带着一个似懂非懂的答案来到学校。

狐妈妈昨天和狐飞飞说，家里每一个人都有保险，而且每个人的保险都不一样！狐爸爸和狐妈妈每月都会交医疗保险，狐爷爷和狐奶奶买了重大疾病保险，狐飞飞的保险是少儿意外保险。天呐，好复杂啊！

狐飞飞在心里反复背诵这些拗口的保险名字，远远地瞧见了同样刚到学校的山羊老师。

"山羊老师早上好！"狐飞飞礼貌地和山羊老师打招呼。

"飞飞早上好。"山羊老师微笑着朝狐飞飞点点头。

"狐飞飞，你的左腿怎么有一块这么大的淤青啊？"眼尖的山羊老师很快发现了狐飞飞腿上青紫的痕迹。

狐飞飞不在意地回头看了看自己腿上的淤青，笑着说道："我暑假在爷爷家玩，有一天在楼梯上摔倒了，不过没事，现在一点都不疼了！"

狐飞飞继续说道："山羊老师，妈妈说在变化的环境中做什么事都是有风险的，所以我这不也是遇到了风险嘛。"

"下次可要好好注意，不要乱跑啊！"山羊老师轻轻地摸了摸狐飞飞毛茸茸的脑袋，语重心长地说着。

"大家还记得昨天布置的作业吗？"

今天一上课，山羊老师决定先解决昨天布置的作业。山羊老师举起一只胳膊，示意大家积极地回答问题。

熊猫阿默第一个站起来回答："老师，我妈妈说保险是能够分摊由风险带来的损失的一种制度。我们平时定时支付给机构一定的金额，当发生损失时机构则会帮助我们承担风险造成的损失。"

"阿默说得很好！"

山羊老师转身在黑板上写下两个名词：我们、机构，并在"我们"和"机构"之间画了个双箭头连接起来。

27

"我们来看黑板上这个关系网。其实保险就是一种契约，是发生在我们和某个机构之间的约定。"

"还有哪些同学有自己的想法，或者说一说你们家有没有买什么保险呢？"山羊老师抛出下一个问题。

"我们家买的是……"

"我妈妈也给我买了……"

"我……"

小动物们活跃起来，纷纷说着自己家买了什么保险。

狐飞飞连忙举起手，他害怕再晚一点，自己背的那么多名称都要忘记了。

"山羊老师，我妈妈说她和爸爸每月都会交医疗保险，爷爷和奶奶买的是重大疾病保险，给我买的是少儿意外保险。"狐飞飞一口气说完了自己背了一早上的内容，连气都没喘一下。

"不错，飞飞说得很棒！那飞飞知不知道，妈妈为什么要给你买少儿意外保险？少儿意外保险又能预防什么风险呢？"

"啊？"狐飞飞转了转圆溜溜的黑眼珠，大大的眼睛里充满了疑惑。他并不太明白，拨浪鼓一样摇了摇头。

28

"刚刚狐飞飞提到的那么多保险，都是属于商业保险中的人身保险，是为了给人的寿命和健康做保障而产生的保险。比如少儿意外保险，就是狐爸爸和狐妈妈担心狐飞飞四处乱跑乱跳，担心他遭受意外伤害，所以购买了这份保险。"

狐飞飞摸了摸左腿那块淤青，忽然感觉心里暖暖的。

"刚刚同学们说了很多保险，大部分都属于商业保险的范畴。除了人身保险外，像狐爷爷家的小麦地、每个动物住的房子等，都可以为之购买商业保险中的财产保险。当大家向保险人交付保险费后，保险人会按照约定，对所承保的财产因自然灾害或意外事故造成的损失承担赔偿责任。也就是说，如果狐爷爷为小麦购买了财产保险，那么今年麦田的损失是可以由保险公司承担的哦。"

哦！原来是这样！全班的小动物们一起点了点头。

29

"至于商业保险还有哪些种类，感兴趣的小朋友可以自己去搜索和查询！"

山羊老师在小动物们恍然大悟的眼神中顺利地结束了这节课程。

为秋游上保险

苹果城的森林中心小学要举办今年的第一次秋游啦！

今年的秋游地点是由狐飞飞班级的全体同学和山羊老师一起决定的，就在城中心的苹果公园。

这是狐飞飞第一次去苹果公园秋游。放学回家的路上，狐飞飞高兴得连嘴角都没有下来过。

但兔小葵似乎没有那么兴奋。

"小葵，你怎么看上去有点不高兴啊？咱们马上就要去秋游了呢！"狐飞飞担心地看着无精打采的兔小葵。

兔小葵看了看狐飞飞，又低下头，失落地说："苹果公园离我家那么远，我担心妈妈不同意我和大家一起秋游。"

"咦？怎么会呢？大家一起去玩很安全的！"狐飞飞不理解兔小葵的担心。

"旅程那么长，我妈妈一定会担心我的安全。"

狐飞飞揪了揪自己的耳朵，开始帮兔小葵一起想说服兔妈妈的理由。

"或许你说山羊老师会一直跟着我们，很安全的。"

"唉，不行的。"

"那你说我们只去一天，也没有很久啦。"

"当然也不行！妈妈就是担心我出门会遇到危险，就算一天也有风险的呀……"兔小葵依旧愁眉苦脸。

"咦？风险？"狐飞飞一下子灵光闪现，"那我们让兔阿姨买个保险怎么样？"

"保险？可是，会有这样的保险吗？"兔小葵也有些心动。

"先问问看嘛。"

于是，狐飞飞和兔小葵都打算回家问问爸爸妈妈，去苹果公园玩能不能买保险呢？

兔爸爸正在家中做着晚饭，听到开门的声音响起，兔爸爸连忙招呼兔小葵坐下吃饭。

"爸爸，这周六学校要组织我们去苹果公园秋游！"兔小葵摇晃着自己长长的兔耳朵，圆溜溜的黑眼睛里全是憧憬与期待。

兔小葵从来没有去过苹果公园，所以兔小葵打从心底里期待着这次旅程。

"要去那么远的公园啊，你们是从学校出发一起去公园吗？"兔妈妈从卧室里走出来，想到苹果公园离森林中心小学那么远，开始担心起来。

32

"山羊老师和你们一起去吗？"

"我们先在学校集合，然后山羊老师包了大巴车带大家一起去公园。"

"这样啊，那大巴车要开两个小时吧，你们有那么多小朋友，山羊老师能照顾过来吗？苹果公园你也没去过，和大家走散了怎么办呀？万一你把随身带的行李弄丢了怎么办呀？万一……"

瞧，兔妈妈果然又开始絮叨了。

"没关系的，妈妈！"兔小葵黑黑的眼珠溜溜地转起来，打算用狐飞飞的点子，"妈妈，要不我们买个保险吧！"

"嗯？保险？"兔妈妈还没能理解兔小葵的意思。

"就是给我这次去苹果公园的安全出行买个保险啦。"小葵手舞足蹈地比划着，"为了保障我出行的顺利，防止我在旅游中受到风险的保险，有这种保险吗？"

兔妈妈沉默着思考了一会儿。做好饭的兔爸爸恰好走出来，他擦了擦手，回答了兔小葵的问题。

"小葵说的就是出行险吧，我觉得挺不错的，女儿这么小竟然就懂得买保险了！"兔爸爸说着拍了拍兔妈妈的肩膀，"女儿已经这么大了，你也不要总这么担心了，我看就听小葵的，给她买一份一天的出行险。"

"真的有这种保险吗？"兔小葵有些不敢相信，

"那我们该怎么购买这份保险呢？"

兔爸爸拿出电脑。

"首先，因为保险是一个双方的契约，所以我们买保险需要先选择一个机构。苹果城的保险机构呢，主要就是果康保险、动物安全保险和苹果城保三家。小葵，你来选一个吧。"

"就选苹果城保吧！"兔小葵喜欢苹果，这家听起来最顺耳。

兔爸爸继续说："然后，我们进入这个保险公司的主页，就能够看到上面列出了各种各样的保险，比如财产保险、人身保险、责任保险，以及一些细分的保险，这些保险能够囊括我们生活的方方面面。"

兔爸爸的手在页面上点来点去，兔小葵也在密密麻麻的文字中寻找着出行险。

终于，兔爸爸和兔小葵在意外险的大类中找到了出行意外险。兔爸爸选择了保险的期限和范围，帮兔小葵买下了为期一天，包含交通意外险、旅游保险、综合意外险三个部分的保险。

"好了，小葵。"兔爸爸支付完账单，把已经生成的保险单交给了兔小葵。

兔小葵看着自己的保险单，想着这是自己第一次买保险，于是把这张单子小心翼翼地夹进了本子里。

"我会买保险了！"兔小葵开心地笑了，不过更让小葵高兴的是另一件事。

"我能和飞飞、阿默一起去苹果公园秋游啦！"

猫头鹰叔叔的决断

终于！秋游的日子到啦！

狐飞飞的背包里装了好几瓶酸奶，准备到了公园和大家一起分享。

兔小葵带了好几个小面包，打算分给狐飞飞和熊猫阿默当午饭。

而熊猫阿默则掏出三个帽子，分别给狐飞飞、兔小葵和自己戴上了。

坐在车上，小动物们兴奋极了，叽叽喳喳地说个不停。望着窗外人来人往、车水马龙，行色匆匆的动物们或许没发现城市的道路上有一辆满载幸福的大巴车。

漫长的车程以后，大家到达了苹果公园，太阳已经悄悄爬上了头顶。小动物们从大巴车上下来，个个都撒了欢，在草坪上你追我赶，嬉笑声一时间充斥着苹果公园的每个角落。

山羊老师原本是第一个下车的，耐不住小动物们被这长长的旅程约束得太久了，个个跑得飞快。

山羊老师无奈地推了推眼镜，大声朝着小动物们喊道："大家一定要注意安全哦！有问题及时到门口的大苹果树下找老师！"

听到山羊老师这么说，大家意识到自由活动时间到了，于是跑得更欢了。

狐飞飞、熊猫阿默和兔小葵决定玩警察抓小偷的游戏。三个小朋友通过猜拳决定熊猫阿默当警察，来抓狐飞飞和兔小葵。

"嘿嘿，快跑吧！我熊猫警官来啦！"熊猫阿默用稚嫩的童声朝着兔小葵和狐飞飞挑衅道："你们可不要跑太慢被我抓住了哦！"

而狐飞飞和兔小葵则一边咯咯地笑，一边加速向两个不同的方向跑着。熊猫阿默来回看了看两人奔跑的方向，决定先追跑得慢的兔小葵。

等到熊猫阿默终于抓到跑累了的兔小葵，两个人一起去找早就该跑远了的狐飞飞的时候，却发现狐飞飞好像站在公园的门口张望着什么。

"嗯？飞飞站在那里做什么呢？"熊猫阿默和兔小葵都好奇地走到狐飞飞的身边，打算一探究竟。

是什么让狐飞飞连游戏都不玩了？

只见公园门口，大巴车司机白虎叔叔正在和旁边的豹子阿姨激烈地争吵着什么。再定睛一瞧，一辆亮蓝色的瓢虫车与大巴车剐蹭了！

正巧山羊老师发现了三个没在公园里玩的小朋友，跑来查看情况。

"你们三个，在这里看什么呢？"

"山羊老师！我们坐的大巴车和豹子阿姨的车好像互相剐蹭了！现在白虎叔叔和豹子阿姨好像吵起来了！"狐飞飞已经在这看了一段时间了，事情的来龙去脉也大致了解。

山羊老师听闻后，抬头看了看不远处争吵的两人，似乎并不焦急。

兔小葵感到十分好奇："老师，您怎么看上去一点都不紧张呢?"

"因为会有人来解决这件事的。"山羊老师指了指远处，"我们的大巴车是有保险的，豹子阿姨的车肯定也会买保险。所以，一会儿保险公司的人就会赶来这里解决这件事!"

"哇! 保险公司用处有这么大呢!"三个小朋友一齐惊叹道。

说曹操，曹操到。很快，一辆白色的小轿车停在了争吵的两人的旁边，车上下来了一个穿着黑色西装的猫头鹰叔叔，他锐利的目光来回打量着碰在一起的瓢虫车与大巴车。

猫头鹰叔叔仔细地观察着两辆车的走向以及停靠位置，最后判断出由豹子阿姨负 70%的责任，而白虎叔叔负 30%的责任。

然后，猫头鹰叔叔又分别和两位司机说了些什么，便和豹子阿姨先后离开了这里。

"老师老师！白虎叔叔要出修车的钱吗?"狐飞飞不懂猫头鹰叔叔的话。

"不对吧，飞飞。猫头鹰叔叔不是说了吗？白虎叔叔只有30%的责任，豹子阿姨应该要帮他一起修车吧。"兔小葵提出了自己的见解。

熊猫阿默沉默了一会，说："可是，叔叔阿姨们不是都买了汽车保险吗？在道路上的意外事故的损失，即修车的费用应该是由保险公司承担吧。"

"那猫头鹰叔叔说的30%和70%的责任判定是什么意思？如果全部由保险公司负责的话，猫头鹰叔叔直接全付了不就好了吗，何必要来现场看是谁的责任呢？"

三个小伙伴有点绕晕了，所以他们一起向博学的山羊老师提出问题。

"对于你们的问题，我一个一个来回答。首先，关于责任的问题，确实是豹子阿姨要承担更多的修车费用，但无论是白虎叔叔还是豹子阿姨，修车费都是由他们的保险公司承担。不过，两位的保险公司可能是不同的，所以事故责任就要划分清楚。其次，因为保险公司承担了这次事故的费用，第二年的保险费用会上升，所以一定要划清两位的责任。"山羊老师耐心地向三个好奇宝宝解释道。

"原来是这样啊！"恍然大悟的狐飞飞、兔小葵和熊猫阿默相视一笑，"谢谢山羊老师！"

三个人看完了这场纠纷，又转身投入到游戏中去了。

夕阳西下，同学们陆续登上返程的大巴。狐飞飞坐在窗边，脑袋靠在车窗上，疲惫地打着哈欠。

41

今天真是充实的一天呢！

兔小葵的省钱计划

"狐飞飞，我突然想到一个问题，动物们都是需要上班来获得工资的吧？"

刚下课，兔小葵便凑过来，问着狐飞飞。

狐飞飞答道："是这样吧，不工作的话就挣不到钱了。"

"可是今天的课上，山羊老师说了，动物们都有退休年龄，一旦到了退休年龄就不再工作了，不工作的话，岂不是就没有工资了？那该怎么生活呢？"

"呃，是吗？"

看着狐飞飞一脸的茫然，兔小葵双手叉腰，问道："狐飞飞，你是不是又没听山羊老师讲课！"

"哎呀，还不是因为最近天气太热，我有点困嘛，你也知道的，我们狐狸毛发比较浓密，散热不好，容易犯困……"

"谁信你！"兔小葵撇了撇嘴，"那你说说，是不是退休了就是不工作了，不工作了就意味着没有工资了？"

"是这样吧……"狐飞飞缓缓说着，显然还没缓过神来。

"算了，等你下次好好听课，我再来找你问问题吧。"兔小葵气鼓鼓地走了。

43

一路上，兔小葵都在思考着山羊老师的话。

"要是这样的话，爸爸一旦退休，岂不是就没有工资了，我们家不就立刻减少了一半的收入吗。"

想到这里，兔小葵感到一阵担忧。她再一想，再过几年，要是妈妈也退休了，家里岂不是就完全没有收入了？兔小葵的脑中不禁浮现出一个场景：

那是一个大雪纷飞的夜晚，兔小葵一家没有钱交暖气费，一家三口也没有足够的过冬衣服。一家人挤在一起，靠着一小堆柴火艰难地取着暖。

这真是太可怕了！兔小葵赶紧甩了甩头，试图把这个场景从脑子里甩出去。

回到家，兔小葵发现爸爸妈妈都还没回家，便一路小跑进了自己的房间。

兔小葵下定决心，要给家里制订一个省钱计划！

兔小葵拿出一张大大的白纸和一把五颜六色的彩笔，把她的计划一笔一画写在纸上，重点地方还用彩笔标注了出来。

于是，在晚饭时，兔小葵就开始宣布她的节省计划。

可惜，兔小葵还没说到一半，就被兔妈妈叫停了。

"小葵，你为什么会制订这个省钱计划呢？"

兔妈妈不解地看着兔小葵，兔爸爸也是一脸疑惑。

看到爸爸妈妈这副不慌不忙的样子，兔小葵心里特别着急，她连忙说道："你们还没意识到吗，等你们都退休了，我们家就没有收入了，到时候我们怎么生活呢，当然要从现在就开始省钱呀！"

没想到兔爸爸和兔妈妈不但没有着急，反而笑了出来。

兔妈妈说："小葵，不要担心，爸爸妈妈不会没钱花的，我和你爸爸都还有社保呢！"

"社保，那是什么？"兔小葵第一次听到"社保"这个词，觉得很新鲜。

"社保就是社会保险，与个人商业保险有一些相似之处，但也有很多的不同。小葵，你先想一想，既然两者都是保障，它们会有什么相同之处呢？"

45

"唔，他们是不是都是为了应对突发事件呢？"兔小葵仔细思考了一会儿，说道。

"也不完全是这样。社会保障制度，是国家根据一定的法律法规，以社会保障基金为依托，为大家的日常生活提供基本保障的一种制度。也就是说，社会保险发行的主体是国家的有关部门，不是各个保险公司。这是两者的第一个区别。"

"第二个区别是，社会保险制度具有强制性，不像个人商业保险，是自愿购买的。社保是由我们每个个体自身及其工作单位同时缴费的，一旦我们在某单位进行工作，该单位就必须为我们购买社保，这是具有强制性的，是苹果城的法律规定了的。假如单位没有购买社保，这就是违法行为，我们可以要求单位进行赔偿。"

兔妈妈补充道："社保也有很多种，刚刚我和你爸爸提到的社保，其实指的是养老保险，这只是社保的一部分，除此之外，还有医疗保险、失业保险、工伤保险、生育保险，等等。"

"所以，爸爸妈妈，其实你们都有社保吗？"

"是的，我们都有社保，所以说我们退休之后都可以领到退休金。"

听到这里，兔小葵终于松了口气，随即，她像是又想到了什么，转头问道："妈妈，我也可以买社保了吗？我在学校上学，学校也算是单位吧！"

"哈哈哈，这可不行。你只有成为单位的正式员工，单位才会给你买保险的。就拿你们森林中心小学来说，山羊老师是正式员工，学校会给他买社保，但你是学生呀，并不是学校的员工，所以学校是不会给你买社保的。"

"原来是这样，我明白了!"

金苹果广场上，金苹果树抖了抖金色的枝叶，悄悄结出一颗又大又圆的金苹果……

47

美丽葵花与社会保险

这周末，狐飞飞难得没有睡懒觉。他利落地从床上爬起来，胡乱把被子揉成一团，然后就去客厅找狐妈妈了。

狐飞飞挂着一脸灿烂的笑容，却看见了客厅里沉思的狐妈妈。

狐飞飞急忙问："妈妈，你怎么啦?"

狐妈妈看了看桌面上的资料，却不打算对狐飞飞说什么，只是悄悄转移了话题："飞飞，今天怎么起这么早?"

狐飞飞兴高采烈地告诉妈妈："因为我今天约了小葵一起去公园里看葵花。森林公园的葵花开了，可漂亮啦!"

说着狐飞飞便飞身扑在了妈妈怀里，嘴里念叨着："妈妈今天有心事吗，闷闷不乐的，眉头都快皱成'八'字了……"

狐飞飞的撒娇闹得狐妈妈喜笑颜开。

狐飞飞这才拿起桌面上的资料来看："社、会、医、疗、保、险。"狐飞飞一个字一个字地念出来，"妈妈，这是什么东西啊？你刚刚就是在看这个东西吗？"

妈妈用手戳了一下狐飞飞的小脑瓜，说："这是医疗保险，是大人的事，你以后就会懂啦。饿坏了吧，妈妈现在就去给你做早饭。"

看着妈妈离开的身影，狐飞飞挠了挠小脑袋，他想："这到底是个什么东西呢？"

狐飞飞把那份资料打开来，仔仔细细地看了一遍，发现很多字自己都不认识。

狐飞飞想找妈妈问个清楚，却又想起妈妈的欲言又止，于是他心想："也许妈妈不想让我知道什么是医疗保险，看来我只能自己去找答案啦！"

想通以后，狐飞飞便追着妈妈跑去厨房，看妈妈做早餐。

"妈妈，你今天要给我做什么早餐啊？我想吃前两天吃过的苹果派啦！"狐飞飞扯了扯狐妈妈的围裙撒着娇。

狐妈妈看着活泼可爱的儿子，嘴角也慢慢向上勾了起来，慈爱地说："好，妈妈给你做苹果派。"

很快，香喷喷的苹果派便做好了。狐飞飞咬下一口，酸酸甜甜的，特别美味。

吃过早餐后，狐飞飞穿上了前不久狐奶奶给自己做的新衣服，收拾了一下，便出发去找兔小葵了。

狐飞飞兴冲冲地敲着兔小葵家的门，喊着："小葵，小葵，你起床了吗？我们要快点去森林公园哦，不然等那里的游客多了，我们就挤不进去，也看不到葵花啦！"

兔小葵拎着她的小书包，急匆匆打开了门。

"早上好啊，飞飞，走吧，我们一起去找阿默！"

兔小葵嘴里还嚼着半块胡萝卜，一句话说得含含糊糊。

狐飞飞看着急急忙忙的兔小葵，连忙说："也没那么急，你先把东西吃完再去吧。"

兔小葵有点不好意思，两三口把胡萝卜嚼完，又喝了兔妈妈递过来的一杯水，这下可算真正地准备好了。

于是，狐飞飞和兔小葵一起出发去找阿默。

熊猫阿默的家住在大树路1号，距森林公园不远。

很快三个小家伙就在熊猫阿默家里会面了。小朋友们没有让熊猫爸爸和熊猫妈妈送他们，而是准备自己去森林公园。

在去森林公园的路上，三只小动物一边手拉着手，一边聊得热火朝天。

狐飞飞自己都没有意识到，他已经不知不觉地路过了社保局，突然，一个声音吸引了那群小家伙的注意力。

"怎么今年的工伤保险和失业保险涨得那么

高了？"

循着声音，三个小朋友望过去。哦，原来是高高大大的河马大叔和河马阿姨正在社保局门口说话呢！

狐飞飞挠了挠脑袋想："妈妈早上说了医疗保险，河马大叔和河马阿姨又在谈论工伤保险和失业保险，怎么又是保险呀！"

狐飞飞刚想上去问个究竟，兔小葵就说道："啊！是保险呀！这东西，我记得今天早上我妈妈也讲过。她说的保险好像是叫……是叫……生育保险！"

狐飞飞紧接着说道："我也看到了保险，不过是医疗保险，我今天在客厅上看见妈妈有这个保险。"

熊猫阿默睁着小小的眼睛，左右看了看兔小葵和狐飞飞，一脸奇怪地说道："我怎么没有听家里人提起过呢？"

狐飞飞和兔小葵回忆起课堂上山羊老师教过的保险知识，却怎么都想不起有关这些保险的知识。

熊猫阿默看着他们俩，想了想："山羊老师说的保险，我在课后查了查，发现原来社会保险包括了养老保险、医疗保险、工伤保险、失业保险和生育保险这么多种类。大家刚刚提到的保险，似乎都是社会保险的一种呢！"

兔小葵也想到了前些天和爸爸妈妈学到的知识，她补充道："没错没错，阿默说得对，我的爸爸妈妈就有社会保险，你们的爸爸妈妈一定也有的！"

狐飞飞似乎有些懂了。

三个小朋友没有被这个插曲扰了兴致，他们继续走着，很快他们就跟着人群来到了森林公园。

森林公园里果然开满了金灿灿的葵花，和兔小葵裙子上的葵花图案相得益彰，美丽极了！

"哇，葵花好美丽，闻起来好香啊！"兔小葵感叹地说。

狐飞飞看着眼前的美景，听着兔小葵的感叹，下意识便想伸手去摘一朵葵花。

没想到，熊猫阿默伸出了他厚厚的熊掌，一把拍掉了狐飞飞的狐狸小爪，他严肃地说："不可以摘花！

山羊老师说过的，我们不可以随意破坏花草。"

狐飞飞的脸顿时红透了，他说道："哎呀！我就是摸摸看，不是真的要摘花嘛。"

"好啦好啦，没有摘花就好！"兔小葵看着两个人的玩闹，乐呵呵地插嘴道。

"哈哈，小朋友们，你们怎么也在这儿呀，是来看葵花的吗？"

熟悉的温柔声音让三个小家伙同时转身，他们定睛一看，哦，原来是山羊老师！

山羊老师便给他们讲起葵花的由来和习性。

讲着讲着，山羊老师的手机突然响了。

"孩子们，你们先看葵花，我接个电话。"

三个小家伙点了点头，紧接着他们便听到了山羊老师在电话里讲到了养老保险。

三个小家伙你看看我，我看看你，异口同声地说："又是保险呀！"

熊猫阿默说："看来保险真的是社会生活中不可缺少的一部分啊！"

狐飞飞说："我们一会问问山羊老师到底什么是社会保险吧！"

"好！"兔小葵和熊猫阿默都表示赞同。

很快，山羊老师便打完了电话。

三个小朋友缠着山羊老师，问起社会保险，看见孩子们一脸的求知欲望，山羊老师不得不笑着回答大家的问题。

"大家说的那些保险啊，它们的统称叫社会保障险，总共分为养老保险、医疗保险、失业保险、工伤保险、生育保险五个大类。"

"养老保险是为保障爷爷奶奶们生活的基本需求，为其提供稳定可靠的生活来源的一种保险。"

"医疗保险可以补偿劳动者因疾病风险造成的经济损失，可以减轻大家医疗费用的负担。"

"失业保险可以帮助因失业而暂时中断生活来源的劳动者，为他们提供物质帮助，保障他们失业期间的基本生活，从而促进其再就业。"

"当劳动者在工作时遭受意外伤害，工伤保险就可以帮助给予劳动者必要的医疗救治以及经济补偿。"

"当正在工作的妈妈怀了宝宝，不得不暂时中断劳动时，生育保险就可以为妈妈们提供医疗服务、生育津贴。"

"这样，你们明白了吗？"

狐飞飞、兔小葵和熊猫阿默纷纷恍然大悟，这堂在葵花田里的课程让他们了解到了社会保险的意义。

他们一起感叹道："社会保险真好啊！"

红烧爪爪和快乐时光

在森林公园看了一整天的葵花，又上了一堂生动的保险课，三个小家伙都累坏啦，疲惫地回到了家中。

一路上狐飞飞都在思考和保险有关的事情，准备把今天学到的知识和狐妈妈分享。

狐飞飞回到家时，正赶上晚饭时间。刚到家门口，他便闻到了烤苹果的清甜香气。

"妈妈，晚饭好香啊，和葵花一样香!"

狐飞飞顺利地在厨房找到了狐妈妈。厨房里摆放着新鲜出炉的色泽红润的烤苹果，苹果皮和苹果肉上都泛着油油的光；还有玉米汤，狐妈妈知道狐飞飞喜欢吃玉米，还特地保留了完整的玉米粒，一颗颗金黄的玉米粒正静静地浮在汤面上，看得狐飞飞口水直流。

狐妈妈笑着招呼狐飞飞洗手吃饭。

狐飞飞却饿坏了，等不及直接上爪，抓起一颗烤苹果。

"啊！"狐飞飞大叫了一声，一下子又把烤苹果丢回了盘子里。

原来，是烤苹果刚刚出炉，还热乎乎的，心急的狐飞飞用手去抓，结果烫到了爪子，红彤彤的狐爪都要变成红烧爪爪啦！

狐妈妈无奈，连忙放下盛了一半的玉米汤，把狐飞飞的手拉过来，左瞧右瞧。

……

吃完饭后，狐妈妈问狐飞飞今天都有什么事发生。

狐飞飞手舞足蹈，和妈妈描述着今天的故事，还提到了山羊老师给他们讲的社会保险的知识。

狐妈妈看着兴奋的狐飞飞，温柔地笑起来。

第二天，当太阳爬上来时，两位特殊的客人来到了狐飞飞的家。

狐飞飞的听觉向来很敏锐，妈妈热情的招呼声把狐飞飞从睡梦中吵醒了。

狐飞飞揉着眼睛，打着哈欠，走向客厅，却没想到见到了久未见面的狐小姨！而客厅里的另一位蓝猫叔叔，狐飞飞却不认识。

狐妈妈给狐小姨和蓝猫叔叔各泡了一杯苹果茶。

只听狐小姨愁苦着对蓝猫叔叔说："我懂医疗保险是社会保险的一部分，但是，我又要照顾孩子，又要经营苹果园，实在没有时间和机会去了解如何购买医疗保险呀！何况，这东西我也不会用呀！"

蓝猫叔叔耐心地说："狐小姨，我懂你的顾虑，知道你有需要，所以我才来找你的！"

听到这，狐飞飞走上前去，礼貌地说道："小姨好，蓝猫叔叔好！你们在谈论什么事情呢？"

狐妈妈对狐飞飞笑了笑，说："这是在政府部门工作的蓝猫叔叔，来找狐小姨商量保险的事呢。"

"你先去洗脸吧。"狐妈妈推了狐飞飞一把，催促他赶紧去洗漱。

狐飞飞一听"保险"二字便两眼放光，瞌睡虫也跑走了，就搬来凳子坐在蓝猫叔叔旁边，哼道："我听完才去。"

蓝猫叔叔大笑起来，轻轻地揉了揉狐飞飞的耳朵。

蓝猫叔叔浅浅喝了一口苹果茶，夸奖了狐妈妈的手艺，便对狐小姨说："狐小姨，我刚刚听你说，你对社会保障险的购买方式不太了解，没关系，我来为你解释。"

狐飞飞也在一旁，听得很认真。

"社会保障险的购买分为单位为劳动者购买和劳动者自行购买两种方式。像您这样自行经营苹果园的，要想取得医疗保险，应该自行购买相关的社会保障险。"

在森林银行工作的狐妈妈也对社会保障险有所了解，她在一旁点头，附和着蓝猫叔叔的话。

听到这，狐小姨的顾虑便彻底解除了。

看着狐小姨的神色，蓝猫叔叔又说："缴纳社保可以让你未来的生活得到保障，降低风险来临时造成的损失，希望你认真考虑一下。"

思考片刻，狐小姨认同了蓝猫叔叔的话，决定前往社保局办理缴纳社保的相关事宜了。

狐妈妈看着两人离开的背影，总算松了口气。她一直担心狐小姨因为嫌麻烦而不肯缴纳社保，这会给她自己带来许多不便。

狐飞飞又学到了不少有关社会保险的知识，于是，他和狐妈妈打了声招呼，就离弦的箭一样，飞奔着去找了兔小葵和熊猫阿默。

兔小葵和熊猫阿默都困着，被狐飞飞叫起来，纷纷抱怨着。

"飞飞，大早上就叫我们出来，究竟有什么事呀!"

狐飞飞激动地描述着刚刚的经历，他可是亲眼见到了狐小姨如何被说服缴纳社保的全过程。

原来，像狐小姨这样的个体工商户，是要自己去办理缴纳社会保险的呢!

兔小葵和熊猫阿默都听入迷了。听完狐飞飞的故事后，他们也学到了不少知识。

狐飞飞提议："不如大家来玩缴纳社保的游戏吧，我来扮演工作人员！"

兔小葵回应道："好啊好啊，那我可要拜托狐狸先生帮我办理一份医疗保险啦！"

熊猫阿默也很快进入了角色："那我来办理工伤保险吧！狐狸先生，你可要好好地为我讲解什么是工伤保险呀！"

"哈哈哈……"

就这样，狐飞飞、兔小葵和熊猫阿默欢乐地聚在一起玩耍，周围充满了欢声笑语。阳光洒在绿色的草地上，微风轻拂着他们的毛发，给整个场景增添了一分宁静与美好。他们的眼神充满了快乐，最纯真的笑容绽放在脸上，悠扬的鸟鸣声和远处潺潺的流水声成为他们欢乐玩耍的背景音乐……

三小只齐心解困惑

听狐妈妈说，自从狐小姨缴纳社保以来，越来越多经营苹果园的动物前来找她咨询。他们听说狐小姨成功购买了社保，希望能够了解更多关于社保生效方式的信息。作为家里的小机灵鬼，狐飞飞很想帮助狐小姨解答这个问题。

63

清晨的阳光照在狐飞飞的背上，微风轻抚着他的毛发。

狐飞飞带着熊猫阿默和兔小葵，一起踏上了去找蓝猫叔叔的路程。他们迈着轻快的步伐，眼中闪烁着渴望知识的火花。

在蓝猫叔叔的办公室里，油漆斑驳的书架上摆满了法律和金融方面的书籍。蓝猫叔叔坐在整洁的办公桌后面，严肃而专注。他仔细听着狐飞飞的问题，眉头微皱。

"我明白你们的困惑了，关于社保的生效问题，我可以给你们做一些解答。"蓝猫叔叔语气严肃地说道。

"无论是单位缴纳还是自行缴纳的社保，都会在缴纳的次月生效，并在风险发生时保护大家，同时不同社会保障险所保障的范围也不同。"

"具体而言，参加基本养老保险的个人，达到法定退休年龄时累计缴费满十五年的，按月领取基本养老金，未满的在缴费满十五年后开始领取。这意味着，你们的爸爸妈妈需要缴纳十五年的养老保险，才能在退休时领到养老金。"

"基本医疗保险为个人支付符合基本医疗保险药品目录、诊疗项目、医疗服务设施标准以及急诊、抢救的医疗费用。"

"工伤保险保障职工因工作原因受到事故伤害或者患职业病后的待遇。"

"失业保险在个人失业后的一定时期内发放相应资金，金额和时长受缴费时长影响。"

"生育保险待遇包括生育医疗费用和生育津贴，为缴纳职工提供相关生育待遇。"

"……"

狐飞飞、熊猫阿默和兔小葵听得入神，他们在蓝猫叔叔的解答中找到了答案。

从蓝猫叔叔的话和资料中所传达的信息里，他们仿佛看清了社保的轮廓，对社保的认识更进了一步。

"感谢你的解答，蓝猫叔叔。你的帮助对我们来说意义重大。"狐飞飞真诚地表达感激之情。

蓝猫叔叔微笑着点头，感受到了他们的真诚和渴望。他意识到自己不仅仅是解答疑惑，更是为这些动物们带来了安心和信心。

告别了蓝猫叔叔，小动物们再次回到狐飞飞的家中，狐飞飞和他的伙伴们兴高采烈地讨论着他们的新发现。

而这时，受狐小姨的邀请，其他经营苹果园的动物们也纷纷聚集到狐飞飞家里，期待着了解社保生效的具体方式。

狐飞飞拿出向山羊老师借来的教学麦克风，讲述着蓝猫叔叔有关社保的解答。他在兔小葵和熊猫阿默的协助下将社保相关的知识传递给众人。他模仿着蓝猫叔叔严肃专注的表情，就像天生的演讲家一样，为大家深入浅出地讲解着保险知识。

大家专注地听着，一双双眼睛闪烁着期待的光芒。他们能感受到狐飞飞眼中所流露出的自信，他们开始相信社保的价值。

66

经营苹果园的动物们在狐飞飞、兔小葵和熊猫阿默的帮助下解决了他们的困惑，不久之后，更多的动物开始选择购买社保，为自己和苹果园的未来提供保障。

团结和合作成了苹果城繁盛的源泉，也成了这个小小社区的精神底蕴。

他们相信，只要共同努力，他们的梦想一定会实现，未来将会更加美好！

遭了灾的麦田

最近，苹果城被一群蝗虫横扫，景象让人心惊肉跳。

只见蝗虫群在天空中形成一片厚重的乌云，宛如绵延的黑色大海，蔓延向远方。它们所经之处，庄稼被吞噬殆尽，田野里寸草不生。蝗灾摧毁了农田的希望。

庄稼的歉收导致整个苹果城里经营庄稼的动物们都面临生存危机了！

苹果城的孔雀市长带领着苹果城的市民们，积极寻找着解决蝗灾的办法，但在如此大规模的天灾面前，个体的力量是微弱的。

狐飞飞和他的小伙伴们都在电视上看到了这次蝗

灾的报道，农田里凄凉的场景展现他们眼前，农民们哀叹的声音回荡在他们耳边。

苹果城郊外的最大的黄金麦田，如今变成了一片荒芜的土地，到处弥漫着凄凉和哀伤。

狐飞飞的爷爷也深受其害，刚经历过麦田遇水的损失，又经历了严重的蝗灾。狐爷爷苍老的脸上写满了岁月的痕迹，再加上此次灾害的打击，他的身体显得更为衰弱和消瘦了。

狐爷爷望着一地凋零的庄稼，双眼中流露出失望而无助的神色。狐飞飞心疼地凑近狐爷爷，温柔地拍了拍他的肩膀，用微笑安慰道："您别担心，灾难都会过去的。"

狐爷爷强打起精神，感叹着狐飞飞的懂事。他决定去给狐飞飞做糖包子吃，但是这仍然不能弥补他心中的难过。

狐飞飞下定决心，要用自己的能力帮助狐爷爷度过这次危机！

狐飞飞回到家里，从储蓄罐里拿出自己存下来的全部零花钱。

那些硬币在阳光下反射出微小的光芒，它们代表着他小小的财富，也满含着他对狐爷爷的关心与在意。

然而，经过上个学年的爱心捐赠活动，狐飞飞深知自己的力量是有限的，他必须寻求更多的支援。于是，他带着所有的零花钱找到了山羊老师，向山羊老师申请进行一次班级集资活动。

山羊老师沉思片刻，觉得狐飞飞的主意很好。

于是，山羊老师上完课以后，他便如约在同学们面前提及此事。

"同学们，相信大家都听说了我们苹果城最近的蝗灾事件，许多农民都深受其害！然而，我们每天吃的食物都来自于这些农民伯伯的劳动，现在他们遇到了困难，是需要我们帮助他们的时候了。"

"没错！"狐飞飞也站了起来，走上讲台，"我的爷爷就是苹果城里一位朴实的农民，从他那里，我看到了此次蝗灾有多么严重，它摧毁了爷爷一整年的期盼，然而，我的爷爷也只是苹果城里千百个农民中的一个，像他一样面对苦难的农民，还有很多……"

"也许我们这些每天无忧无虑的小朋友们不能体会到农民伯伯的伤心，但如果没有农民伯伯们的辛苦劳作，也不会有我们现在无忧无虑的生活。而且，我们也是苹果城的市民，应该和孔雀市长一样，努力克服苹果城面对的困难！"

"所以，我希望大家可以用我们的零花钱，筹集一些物资，帮助他们度过这个难捱的寒冬……"

听了山羊老师和狐飞飞的话，班上顿时议论纷纷。

"我听说这件事了，我的爸爸妈妈也很关注这件事。"

"真的这么严重吗，农民伯伯们好可怜啊……"

"是啊，其实我家亲戚也面对着这样的困难……"

"我觉得我们要帮助他们！"

"没错，我们也是苹果城的一分子，也要做一些力所能及的事情来帮助大家！"

"……"

狐飞飞看着大家积极的反馈，终于松了一口气。

于是，山羊老师拜托大家，在第二天把自己志愿捐赠的零花钱带到班里来，放进讲台上的集资箱里。

结果到了第二天，每一位小动物都献出了自己的一份爱心，就连最顽皮的麻雀笑笑，都把自己的零花钱捐了出来。

兔小葵和熊猫阿默作为狐飞飞的好朋友，更是用行动支持了狐飞飞，他们把自己攒了几个月的零花钱全部拿了出来，狐飞飞非常感动。

兔小葵和熊猫阿默捐完零花钱后，他们各自给了狐飞飞一个大大的拥抱，他们安慰着狐飞飞："别担心，狐爷爷还有更多的农民伯伯，一定可以度过这次灾难的！"

不过，班级集资以后，这些钱要怎么给到农民伯伯们呢？

聪明的狐飞飞早就想到了一个好办法。

在班级集资活动中，他听说了苹果城的社会救助

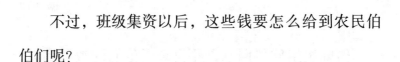

机构。这个机构位于城市的核心地带，建筑外墙被涂成了鲜艳明亮的暖色调，看起来就十分温暖。

狐飞飞踏进社会救助机构的大门，迎接他的是热心的蜜蜂姐姐，她身上散发着温暖柔和的气息，耐心地向狐飞飞解释了社会救助的相关知识。

通过蜜蜂姐姐的讲述，狐飞飞了解到，社会救助是在社会成员因个人原因、自然原因或社会原因致使基本生活难以维持时，由政府和社会为其提供基本的物质保障的救助制度，救助机构会为受难者提供住宿和食物，正适合解决农民伯伯们的困境！

狐飞飞眼中闪烁着希望的光芒，他明白这个机构可以更有效地帮助那些需要帮助的动物们！

狐飞飞详细地描述了被蝗虫横扫后农田惨不忍睹的景象，他恳求社会救助机构可以尽全力帮助狐爷爷他们。

蜜蜂姐姐欣然同意，并找来了他们的救助团队，马上制订起了救助方案。

后来，狐爷爷一家和其他很多受灾家庭，都得到了社会救助机构提供的补助和食物。

……

　　许多天后，狐飞飞偶遇了蓝猫叔叔。他耐心地与狐飞飞分享有关社会救助的更多细节，如社会救助包括最低生活保障、特困人员救助供养和临时保障等措施。

　　社会救助的对象主要有三类：一是无依无靠、没有劳动能力又没有生活来源的人，主要包括孤儿、残疾人以及没有参加社会保险且无子女的老人；二是有收入来源，但生活水平低于法定最低标准的人；三是有劳动能力、有收入来源，但由于意外的自然灾害或社会灾害，而使生活一时无法维持的人。

　　社会救济是基础的、最低层次的社会保障，其目的是保障公民享有最基本的生活水平。

　　狐飞飞紧紧盯着蓝猫叔叔，聚精会神地倾听着他的讲解。

　　蓝猫叔叔从各种社会救助项目中为狐飞飞展示出

73

一个全新的世界。他还提到了善款捐赠、志愿者活动和公益项目等形式，这让狐飞飞对社会救助的多样性有了更深的了解。

狐飞飞深深体会到，社会救助不仅仅是相关机构和政府的工作，更是一个社会共同的责任。

经过这一次蝗灾救助，他决心将所学所知传达给更多的动物们，并激励大家多多参与到社会救助中。

因为，互相帮助的感觉是这么美好呀！

"希望之光" 义工团

太阳的余晖洒落在苹果城的街道上，狐飞飞奔跑着穿过学校的大门。

"啪"的一声，狐飞飞把书包甩在了他的小木凳上。

"早啊，狐飞飞，你又差一点就迟到了。"熊猫阿默笑着对狐飞飞说。

"那是因为我家比较远嘛！"

说时迟那时快，狐飞飞一把扯住熊猫阿默的小三角耳朵，附在他耳边大声喊着，熊猫阿默也不甘示弱，一把揪起了狐飞飞的尾巴，两个小朋友一下子玩闹作一团。

"丁零零——"就在这时，上课铃响了。

猫头鹰老师手上拿着教科书，扶了扶眼镜，他的眼神里透露着敏锐，按着椭圆的弧度迈着自信的步伐。

"孩子们，上课！"

猫头鹰是数学老师，有着很高的教学水平，平时也非常严厉。

兔小葵一见到猫头鹰老师，那双长长的白耳朵便耷拉了下来。她最怕数学课了，而且猫头鹰老师看起来很凶！

但是，数学课对于狐飞飞来说，简直是天堂，他最爱数学课了！

这不，一下课，狐飞飞便积极地帮老师把教科书送回办公室。

"报告！"狐飞飞轻敲了两下教师办公室的门。

"请进。"

"猫头鹰老师，我帮您把书送回办公室啦！"

"辛苦你了，飞飞，我这有两个苹果，你拿去吃吧。"猫头鹰老师在课堂上虽然严厉，私下里却对小朋友们很亲切。

"谢谢猫头鹰老师!"

猫头鹰老师向狐飞飞点了点头,随即又投入到教案的写作之中了。

"今年的税收似乎比去年高了一些……"办公室里,山羊老师正在和其他老师们闲聊。

"税收?"耳尖的狐飞飞一下子捕捉到了新的名词,他的狐狸耳朵前后晃动了几下。

于是,他走到山羊老师的办公桌前,问道:"山羊老师,什么是税收啊?"

山羊老师看了看狐飞飞好奇的眼睛,笑着说道:"税收嘛,我给你举一个例子。就是你帮猫头鹰老师干活,送了教科书,猫头鹰老师给你两个苹果作为工资,然后你又按税法规定上交一个苹果给苹果城政府。这个上交的苹果便是税收。"

狐飞飞思考了好一会,才说:"懂是懂了,但是政府要这些苹果做什么呢?"

狐飞飞看着一脸慈爱的山羊老师,提出了自己的疑惑。

听到这，山羊老师缓缓地捋了捋胡须。他接着说："因为，偌大的苹果城不是简简单单就可以运行的，苹果城政府会为大家种下桂花树，也会重修学校，但这些都是需要大笔资金的，苹果城政府收取这些苹果，就是为了有足够的资金可以维持社会的良好运转。这些苹果，有些是作为政府工作人员的工资，有些可以送到社会救助机构帮助大家。其实，上次蝗灾时农民伯伯们可以得到救助，虽然有狐飞飞你的努力，但更大一部分还是来自于政府的救助。"

听到这，狐飞飞迫不及待地问道："那我们上次为蝗虫事件集资的捐款，也能算是社会救助的一部分吗？"

山羊老师笑了笑，说道："当然，那笔捐款正好可以算作社会救助的基金，有了这些基金，我们就可以更好地帮助那些需要帮助的人。"

最后，狐飞飞伴着上课铃声回到了教室。他准备下课后，就赶紧和熊猫阿默、兔小葵分享这个新知识。

听到狐飞飞分享的新知识后，三个小家伙决定联系学校举办一场相关的宣传活动，企鹅校长欣然同意了他们的请求。

活动当天，操场上布置得热闹非凡，五颜六色的横幅飘扬在空中，吸引了同学们的关注。

狐飞飞、兔小葵和熊猫阿默站在舞台上，用铿锵有力的声音向大家宣讲社会救助的意义。

他们一一列举了社会救助的各种形式：义卖、志愿者活动、善款捐赠等，向同学们展示了解决社会问题和帮助弱势群体的多样方法。他们的言辞充满激情，充满感染力，台下的同学们纷纷被他们的语言感染了，产生了共鸣。

狐飞飞等人还邀请了一位来自社会救助机构的负责人——狮子先生。狮子先生是一只外表粗犷，但气质温文尔雅的雄狮。

狮子先生讲述了自己从事社会救助工作的经历，分享了动物之间的互助和社会共融的重要性，他优雅的谈吐深深地吸引着孩子们的注意力。

台下的同学们对于这次活动产生了浓厚的兴趣，纷纷表示愿意参与到社会救助中。

于是，有的同学筹备了义卖活动，帮助孤儿院的孩子们收集物资；有的同学志愿参与社区清洁活动，为环境保护出一份力。

苹果城的希望在这一刻被点亮了，充满活力的社会救助行动从森林中心小学开始扩散。金苹果树也长高了，结出很多金色的苹果，仿佛一夜之间就长成了一棵参天大树。

80

狐飞飞、兔小葵和熊猫阿默有了深深的满足感，他们决定成立一个名为"希望之光"的义工团队，来为社会救助筹集更多的资金，帮助更多有需要的人。

于是，从那天起，"希望之光"义工团的活动就在苹果城大街小巷里广泛展开，每个角落都传播着爱和希望的力量。

狐飞飞和他的朋友们用他们的行动，激发了更多市民的参与意识，使社会救助基金不断增多。

狐飞飞、兔小葵和熊猫阿默，从好奇的听众转变为积极参与社会救助的倡导者，他们的行动影响了身边的动物，改变了大家对社会救助的看法。

在日复一日的努力中，狐飞飞、兔小葵和熊猫阿默明白了一个道理：通过小小的行动，每个人都可以成为社会的一分子，成为希望的传播者，为社会救助贡献自己的力量。

他们深深体会到，真正的英雄其实不需要超能力，只需要不懈的努力和一颗温暖的心。

就这样，在他们的努力下，苹果城的未来变得更加美好，更加温暖……

81

用保险规避风险

蝗虫事件之后，拥有极强的忧患意识的狐飞飞开始认真思考，要是以后又发生虫灾该怎么办？狐飞飞很担心以后苹果城的大家会没有饭吃，没有苹果卖。

狐飞飞意识到，生活中千千万万的风险会给他们带来困扰，因此他希望能够找到一种解决方案来保护自己，保证以后能生活稳定，让狐爸爸和狐妈妈可以衣食无忧，狐飞飞自己也可以快乐成长。

正当狐飞飞陷入困惑之际，他想起之前蓝猫叔叔建议他妈妈购买的医疗保险的事情。

于是，狐飞飞把自己想要寻求蓝猫叔叔帮助的想法告诉了妈妈。

狐妈妈清楚，蓝猫叔叔作为社保局的负责人，一定对风险规避有着独到的见解，狐飞飞可以向他学习如何在发生风险后保证大家的基本生活。

狐妈妈同意了狐飞飞的建议，带着狐飞飞一起去找蓝猫叔叔，没想到，在路上，他们遇到了同样去找蓝猫叔叔的兔小葵一家。

来到社保局后，狐飞飞向蓝猫叔叔表达了大家的需求与困惑。

蓝猫叔叔热情接待了大家。他们坐在一间安静的办公室里，窗外的阳光透过玻璃窗洒向室内，洒在他们身上，映照出狐妈妈坚定的表情和蓝猫叔叔宽厚的面容。

狐飞飞开始述说自己的困惑和对于风险规避的想法。

"蓝猫叔叔，我的爷爷有一片大农场，我的小姨也在经营苹果园。经过上次的蝗灾事件，我们都意识到风险规避的重要性了，您能教教我们如何正确合理地规避风险吗？"

听完狐飞飞的话，蓝猫叔叔轻轻地点了点头。

思考了一会儿后，蓝猫叔叔注视着狐飞飞，认真说道："你思考的很对，规避风险是每个家庭都需要考虑的事情。除了社会保险，还有另一个选择，那就是商业保险。"

狐飞飞眼睛亮了起来，他迫不及待地问蓝猫叔叔："商业保险能如何帮助我们规避风险呢？"

蓝猫叔叔轻轻拍了拍两个小家伙的脑袋瓜，微笑着解释道："商业保险是一种可以帮助你们应对意外风险和经济损失的保险形式。它可以为你们提供意外身故、意外伤害、住院医疗等多种保障，以便在不幸发生时，减轻你们的负担。也就是说，在意外发生时，即使狐飞飞和兔小葵的家里没有钱了，你们也可以得到保险公司给你们的补偿。"

狐飞飞对于商业保险的好处感到欣喜，他意识到这是一个可以为他们的家庭带来更多安全和保护的机会，可以让他永远都有苹果吃！

于是，他迫不及待地询问蓝猫叔叔："我们该如何购买商业保险呢，您有什么建议吗?"

蓝猫叔叔思考了一下，说道："首先，你们可以通过保险公司咨询商业保险的相关内容，了解要交多少钱，意外发生时会得到多少补偿。其次，根据你们的需求和预算制订一个合理的计划。最后，填写申请表格，再按照约定交钱，签订商业保险合同。这样你们就可以在很大程度上规避意外带来的风险了。"

狐妈妈和狐飞飞都觉得蓝猫叔叔的建议非常有帮助，他们决定立即行动起来，为自己购买商业保险。

85

狐妈妈感激地握着蓝猫叔叔的手，表达了他们的感谢。狐飞飞更是牵着兔小葵的手，高兴地来回晃着，大声喊着："太好啦，我不怕以后没有苹果吃啦!"

而在狐妈妈和狐飞飞离开后，兔小葵一家也开始向蓝猫叔叔询问购买商业保险的相关事宜……

故事至此告一段落，接下来，狐飞飞一家将迎来他们风险规避之旅的新篇章。

他们深入研究商业保险的不同方面，选择适合自己的保险计划，并与保险公司进行详细的咨询。他们了解了保险合同中的各种条款和保障内容，确保自己对于理赔条件和赔偿额度等方面有着清晰的了解。

终于，在经过一番认真的考量和选择后，狐飞飞一家成功地购买了合适的商业保险，并开始享受保险带来的安心与保障。无论是意外伤害，还是突发的医疗费用，狐飞飞一家都可以依靠个人保险来规避风险，避免陷入困境。

除此之外，狐飞飞还帮助狐爷爷和狐小姨购买了合适的商业保险，现在，他们再也不担心天灾虫害给他们的作物产量带来的损失了！

通过蓝猫叔叔的帮助和他们自己的努力，狐飞飞一家摆脱了过去的担忧，展开了一段新的生活旅程。

他们明白了风险规避的重要性，并通过商业保险确保了自己及家人的安全与幸福！

卖苹果奇遇记

又到了苹果丰收的季节。

这天，苹果园里鸟语花香，五颜六色的鸟儿姐姐们在枝头上唱歌，黄狗哥哥们也在苹果园里追逐嬉闹。

狐飞飞在做什么呢？

原来，他在和好朋友熊猫阿默一起摘苹果呢！

狐飞飞的小姨经营苹果园，而熊猫阿默一家则来到了狐小姨的苹果园里，打算摘些新鲜的苹果吃。

狐飞飞也打算帮小姨摘一些苹果，再去森林集市卖掉。

所以，这一天，狐飞飞、熊猫阿默、狐妈妈和熊猫妈妈一起在苹果园里摘苹果。

狐飞飞耐不住性子，没两分钟，就开始叽叽喳喳地抱怨说："好累啊，好累啊！"

强壮的熊猫阿默闻声看向他，说道："你才摘了多少个，这就喊累啦？"

说着，熊猫阿默看了看狐飞飞的小竹筐，发现只有五六个苹果浅浅地堆在筐底，而自己的小竹筐里已经有十来个了苹果了，狐飞飞摘得真慢！

"哎，阿默，你把你的苹果送我两个吧。"说着，狐飞飞便把爪子伸到熊猫阿默的小竹筐里。

"飞飞，你干嘛！你自己偷懒，就来抢我的苹果，你就不能自己摘吗？"熊猫阿默用他胖胖的身躯紧紧护住他的小竹筐。

"好了好了，快住手，快住手……"熊猫妈妈大声喊着，虽然看起来很温柔，但她中气十足的声音早已环绕了整个苹果园。

狐妈妈终于闻声赶来，无奈说道："好啦，好啦，你们两个小捣蛋鬼。飞飞，不许调皮，快把你拿的苹果放回阿默的篮子里，自己去摘苹果。"

不知道是不是因为妈妈们的出现，两个小家伙的胜负欲突然燃了起来。

狐飞飞朝熊猫阿默喊道："我们来比比谁摘得多！"

只见他一踩、一蹬、一抓，很快便爬上了苹果树，灵活得不像一只狐狸，反而像猴子！他拿着工具剪刀沿着苹果根部一剪，"咔嚓"一声，苹果应声而落，被他接在手心。

狐飞飞骑在树上，拿着"新鲜出炉"的苹果，一个精准的三分投篮，苹果就被扔进了他的小竹筐里。

而熊猫阿默也不甘示弱，他背起竹筐爬上梯子，挑选着熟透了的苹果，每摘下一个就扔进背后的竹筐里。

89

很快，狐飞飞和熊猫阿默便摘完了满满两大筐的苹果。

狐妈妈和熊猫妈妈在一旁哭笑不得地看着两个小朋友，一边聊着天，一边将摘下的苹果整齐地收进苹果箱。

第二天，狐飞飞去街上卖苹果。因为昨天的摘苹果比赛，狐飞飞更胜一筹，于是，熊猫阿默也应了狐飞飞的要求，陪着狐飞飞一起卖苹果。

到了森林集市上，两个小家伙摆好摊位，大声叫卖着："卖苹果啦，卖苹果啦！快来买好吃的苹果啊！又香又甜，又大又脆……"

森林集市上的动物们纷纷转头看着这两个卖力的小家伙，来到狐飞飞的苹果摊面前。

"好可爱的小朋友，给我拿两个苹果吧。"

"我也要两个。"

"我要五个！"

"……"

很快，3元钱一斤的苹果就全都卖完了。

狐飞飞为了答谢熊猫阿默的陪伴，带着他一起去超市，用赚到的钱买了很多很多零食。

狐飞飞还特意给自己买了一盒苹果蛋糕，这清甜的苹果味，他已经馋了很久了！

本该是苹果丰收的季节，可惜好景不长，前两天苹果园里还是一片红彤彤的，可到了今天，狐小姨苹果园里的苹果却大面积染上了苹果虫。

那些又大又红的苹果一个一个开始腐烂，苹果的产量也越来越低了。

狐飞飞看着狐妈妈和狐小姨紧皱的眉头，轻轻安慰她们说："没关系的，我们前几天已经卖了好多个新鲜的苹果啦！"

可狐飞飞不知道苹果园里有多少个苹果，他们成功卖出去的只有一小部分而已。

狐小姨心疼着自己的苹果，狐妈妈也轻轻拍了拍狐飞飞的头。

虽然苹果树染上了苹果虫，但是卖苹果的日子却不会间断。

三天后，狐飞飞和熊猫阿默又去了苹果园摘苹果。

跟上次一样，狐飞飞摘了满满的两大筐苹果，但是摘完这两大筐苹果后，树上的苹果居然已经所剩无几了，它们大多都烂掉了，不能再卖了。

狐妈妈只好把好的苹果挑出来，放在狐小姨的小板车上，拿去森林集市里卖。

这一天，是狐小姨带着狐飞飞和熊猫阿默一起去的，只见狐小姨在牌子上写道：苹果 5 元一斤。

狐飞飞惊讶道："咦，苹果的价格怎么变了呢，之前不是卖 3 元一斤的吗？"

狐小姨温柔地揉了揉狐飞飞的耳朵说："这多出来的 2 元，是我们这些果民用来治疗苹果虫的农药费，因为种苹果的成本提高了，苹果的售价自然也提高了，这都是按照政府规定的价格来调整的！"

熊猫阿默低着头想了片刻，然后问道："苹果变贵了的话，会不会卖不出去？如果都卖不出去了该怎么办呢？"

狐小姨解释道："你看集市上还是有很多很多动物要买苹果，因为苹果城的大家都爱吃苹果，这是动物们的刚性需求，苹果的售卖不会因价格变化而产生太大的影响。但反观卖苹果的动物，却少了很多，因为苹果的产量受到了影响，集市上自然没有太多的苹果可以拿来卖了。"

"哦，原来是这样！"两个小家伙对视一眼，又学到了一个新的知识。

等狐飞飞和熊猫阿默第三次来到森林集市，他们的摊位上已经没有多少苹果了，并且标价也比以前高了很多，已经变成了10元一斤。即便这样，他们的苹果还是很快就卖了出去。

放眼望去，整个集市上卖苹果的摊位上，都写着"9元一斤""10元一斤"，更有甚者，苹果已经卖到了12元一斤了！

远远地，两个小朋友听到了集市另一边有动物在争吵，他们凑过去一看，发现竟然是山羊老师在讲话！

只见，山羊老师对苹果摊摊主刺猬先生说："你们的苹果卖的价格实在太高了，已经不符合政府的调控政策了。虽然现在苹果市场供不应求，但你们哄抬物价，自己赚钱，却让消费者买单。我要向政府部门投诉你们！"

93

原来，正是刺猬先生将苹果卖到了 12 元一斤，比起最开始的 3 元一斤，价格竟然足足翻了两倍！

看见是山羊老师在讲话，狐飞飞和熊猫阿默连忙跑到山羊老师面前，双手叉腰，想要保护山羊老师。

而刺猬先生也没好气地说道："随你去，政府还能把我抓起来吗！现在苹果是供不应求，我提高些价格也是理所应当，你不想买，还有其他动物要买呢！"

山羊老师气得胡子都翘起来了，当即拿出电话，拨打了政府热线，向相关部门说明了情况。

没过多久，孔雀市长竟然亲自来到了森林集市，发现刺猬先生的苹果卖的价格果然很高。他严肃批评了刺猬先生，并对山羊老师表示了感谢。

终于搞定一切事务后，山羊老师便带着两个小朋友离开了森林集市。

"山羊老师，您刚刚和刺猬先生说的话是什么意思呢？"熊猫阿默问道。

"这个啊，就涉及我们苹果城政府的经济政策了。

苹果城政府会干预市场价格的走势，像现在发生虫害，苹果供不应求了，价格上去了，对消费者不利，政府就会出面干预，把价格控制在一个合理的区间内。同样的，如果苹果供大于求了，政府也会限制苹果的生产规模，让市面上不会出现苹果过剩的现象。所以，在我们苹果城，商品的价格虽然主要由市场调节，但政府也参与调节的过程，这样可以保证商品的价格更加合理。"山羊老师笑眯眯地回答道。

"原来是这样！我们的政府真厉害！"熊猫阿默说道。

95

香蕉城之旅

　　兔爸爸是一个经验丰富的商人，凭借着他的能力，他经常到苹果城以外的其他国家，进行一些跨区域的商贸活动，卖苹果城最负盛名的苹果。

　　这一天，他去往香蕉城，准备将苹果城的苹果卖给香蕉城。并且，这一次，兔爸爸带上了早就想来香蕉城看看的兔小葵。

　　香蕉城是一个同样繁华的国家，整座城市充斥着繁忙而热闹的气氛。在这里的集市上，街道两旁摆满了各式各样的摊位，摊主们忙着陈列自己的商品，吆喝着吸引顾客的目光。

　　兔爸爸和兔小葵立刻感受到了香蕉城的热情。兔爸爸轻车熟路地走街串巷，带着兔小葵一起来到了集市的正中心，四周的水果摊上摆满了各式各样的水果，水果的香甜气息弥漫在空气中，引得兔小葵垂涎欲滴。

兔小葵兴奋地跳跃着，眼睛睁得大大的，不停地左瞧瞧右看看。

在这里，兔小葵居然也看到了一棵金苹果树，树上的金苹果闪烁着金灿灿的光芒，吸引着来往的动物们驻足停留。

据说，这棵金苹果树是香蕉城从苹果城移植过去的一棵小树苗，如今已经长成了一棵大树，它是两国友好的象征。

兔爸爸笑着解释道："这是在香蕉城里的动物们经过了一系列有意义的经济活动之后，才长成的现在这样繁盛的金苹果树。它是香蕉城的居民们努力工作的结果，也象征着他们财富的积累。"

兔小葵一脸惊讶，除了在苹果城市中心的金苹果广场，她从来没有见过如此巨大而华丽的金苹果。她忍不住伸出小爪子摸了摸，感受到了金苹果温暖而光滑的质感。

这个有着巨大金苹果树的集市中心聚集了许多动物，大家都激动地仰望着那些熠熠生辉的金苹果。

在这四周，很多动物正忙着交易，他们用各异的语言沟通着，兔小葵虽然大多听不懂，但感觉得出大家的积极与热忱。

很快，兔爸爸就找到了之前预定好的集市摊位，把他们带来的苹果一个个摆放在桌子上面。

兔小葵问兔爸爸："我知道狐飞飞和熊猫阿默也卖苹果，但他们不会到这么远的地方来卖苹果。我们来香蕉城卖苹果是属于什么行为呢？"

看着兔小葵天真的笑容，兔爸爸说："这叫作国际贸易。"

兔小葵又问："咦？什么是国际贸易？"

兔爸爸温柔地看了看兔小葵，说道："我们把苹果从苹果城带到香蕉城来卖，这个交易就从区域上跨越了两个国家，这就是国际贸易。因为我们的苹果来自苹果城，然后我们拿到香蕉城来卖，既能给香蕉城的动物们带来更多的物资，也可以为两国的政府都增加税收。这样，通过积极的对外贸易，不仅可以降低两国的经济风险，还可以同时推进两国的经济发展。"

兔小葵若有所思地点了点头。

就这样，兔爸爸和兔小葵在香蕉城度过的几天中，见识到了来自不同国家的特产水果。他们参观了香蕉城里的大型水果摊，了解了不同水果的来处。在这个充满希望和机遇的城市，兔爸爸和兔小葵感受着它蓬勃发展的生机。

这次香蕉城之旅，让兔爸爸和兔小葵更加坚定了把苹果拿到香蕉城来卖的决心。他们意识到，只有不断让苹果城的苹果离开苹果城，让其他国家的水果来到苹果城，才能为苹果城的居民带来更多选择，让大家的生活更加幸福。

回到苹果城后，兔爸爸开始更加积极地参与苹果城的对外贸易，有了更多的出口机会。兔爸爸带回了香蕉城对外贸易的经验和办法，并用这些宝贵的知识帮助苹果城的果农们寻找更广阔的市场。

兔爸爸还组织了一次座谈会，邀请了苹果城的果农们参加，狐小姨也在其中。他分享了在香蕉城的所见所闻，并建议苹果城开放贸易口岸，让更多的外地水果进入苹果城，也让更多的本地水果出口到其他国家。

兔爸爸的建议得到了大家充分的认同，大家开始激烈讨论起来，纷纷夸奖起兔爸爸的聪明才智。

经过充分讨论与交流，苹果城的果农们全部决定采纳兔爸爸的建议！

于是，果农们铆足了劲种苹果树，苹果城的苹果园越来越大。他们再也不怕苹果卖不出去了。

大家结合自家果园的实际情况，专门向其他国家和地区售卖苹果。

几个月后，苹果城的果农们果然都把自己的苹果卖出去了！他们的苹果树苗壮成长，果农们的收入也大大增加了！

兔爸爸和兔小葵看着苹果城焕发出新的活力，感到非常自豪和满足。

兔爸爸明白，作为商人，他们不能仅仅为了赚钱，更重要的，是要通过自己的努力和智慧，帮助更多人消除风险，获得幸福。

无论是在苹果城还是其他任何地方，兔爸爸和兔小葵都将继续行动。他们继续前进，继续努力，对未来充满了信心和期待！

101

新奇的进口饮料

"兔小葵，你快看，我手里的是什么！"

刚下课，狐飞飞就走到兔小葵的座位旁，对着兔小葵说道。

兔小葵抬头一看，发现狐飞飞正拿着一瓶饮料，兔小葵知道，狐飞飞最喜欢炫耀了。

"这有什么，不就是一瓶饮料嘛！"兔小葵撇撇嘴，不感兴趣地说道。

"这可不是超市里卖的一般的饮料，这个是外国饮料，纯进口的，不信你看！"

说着，狐飞飞就把饮料递到兔小葵面前。

兔小葵定睛一看，这瓶饮料确实跟超市里的饮料不一样，它有着半透明的瓶身，瓶子的形状也是方方正正的，最不一样的是，瓶身上的标签都是些兔小葵看不懂的外国字。

"咦？真的不一样！我来尝尝是什么味道！"说着，兔小葵就接过饮料，打开瓶盖尝了一口。

"确实是没喝过的味道……"兔小葵皱了皱眉，"但是它实在太甜了，我喝不习惯。"

"我也喝不习惯，不过还是挺新奇的。听说这是咱们南边的邻国，雨林国的产品呢。"

103

"小葵，咱们今晚出去吃饭吧，爸爸妈妈回家都太晚了，没时间做饭了。"

回到家，兔小葵还没来得及脱鞋，就又被爸爸妈妈拖上了车，一家人准备去大商场吃晚饭。

"近期，苹果城与椰树国、雨林国、香蕉城等国家的国际贸易不断增加，经济全球化趋势不断加强，有效地降低了各国自身经济存在的风险……"

兔小葵在车上听着电台里的新闻，新闻里有很多兔小葵听过或者没听过的国家的名字，以及一个反复出现的新名词——经济全球化。

"经济全球化是什么意思呢？"兔小葵满心疑问。

很快，兔小葵一家就吃完了晚饭。

"爸爸妈妈，我们待会去逛逛超市吧！"

"好啊，正好我们可以去买一些生活用品。"

兔小葵一家又来到了金苹果商贸中心。

在超市里，兔小葵特别注意了一下货架上的商品，发现有不少零食都是花花绿绿、形状奇特的包装，上面也印刷着一些兔小葵不认识的文字。

"不知道这些零食都是什么味道，就挑几个好看的回家试试味道吧！"

在回家的路上，兔小葵实在忍不住了，问坐在副驾驶上的兔妈妈："妈妈，经济全球化是什么意思啊？"

"意思就是，全世界的国家在经济上的联系越来越紧密，这是大势所趋，各个国家相互出口的商品都会变多的。比如你刚刚能在超市里买到外国生产的零食，就是经济全球化的表现。当然，我们苹果城也会把我们自己的商品出口到外国。"

"原来经济全球化的意思是这样的。"

兔妈妈听后笑了笑，说道："经济全球化可不止这些作用哦，这只是经济全球化其中的一个表现。"

见识广博的兔爸爸补充道："经济全球化的一个核心特征就是生产分工。比如说，有一种产品，单靠一个国家生产效率是很低的，而若是由各个国家一起生产，每个国家生产其中一部分零件，然后再把这些零件汇集到一起进行组装，不但能利用各国先进的技术，还能大大提高产品的价值和生产的效率。就像你们的小组作业一样，你自己完成不了的任务，还有你的朋友们帮你一起完成。这也是经济全球化的表现之一。"

"但是爸爸，分开生产再组装不会增加很多成本吗？为什么听起来还有这么多好处呢？"

"这是因为每个国家都有自己的优势产业，在某个国家生产某几个零件的价格是全世界最便宜的。"

"哦，那我明白了。如果每个国家生产的部分零件的价格都很低，那么这样生产出来的产品价格也就变低了，比完全在自己国家生产便宜很多，这样商品的价格就便宜了！"

"对，而且商品的质量还会得到提高。"

"不过，既然这些零件需要从不同国家运输出来，汇总在一起，再进行组装，这样的话会不会像我们寄快递一样需要运费呢？如果运费比较贵，会不会反而让商品的价格上升了呢？"

兔爸爸回答道："在很久以前是这样的，因为当时我们的交通还不发达，跨国运输的价格很贵，而且很浪费时间。但是现在科技进步了，有几十层高的大轮船，也有飞得很快的货运飞机，还有可以一直不停歇的火车……这些交通工具有些速度很快，能够让紧急的货物迅速送到，有些可以一次运输很多很多的货物，让运费变得很低。所以，在交通技术发展的基础上，经济全球化才能得以实现。"

兔妈妈补充道："不只是交通技术，通信技术的发展也是一个重要的原因。"

　　"以前，没有先进的通信技术，不同国家之间不得不依靠书信来联系，这样花费的时间太长，不利于不同国家之间进行分工协作。但是随着网络技术的发展，不同国家可以通过电子邮件交流，几乎没有时间上的迟滞，这样不同国家的公司之间交流更加方便及时了。"

　　兔妈妈接着说道："经济全球化一方面可以让商品价格降低、质量提高；另一方面可以让生产的效率上升，就像是给全球的经济都上了一个保险。所以，我们苹果城才会和其他国家进行贸易和生产分工呀。"

107

　　兔小葵开心地笑起来："原来如此，我懂啦！"

巧克力怎么这么贵

这天放学前，山羊老师在讲台上宣布了一件事。

"同学们，告诉大家一个好消息，下周，我们就要去森林公园野炊了。大家可以在这周末去购买一些野炊用的物资，如食材、零食、野炊用的工具等。大家一起，做好野炊的准备工作吧。"

兔小葵这时有些拿不准主意，便跑过来问最有想法的狐飞飞："飞飞，野炊时你打算买些什么呢？"

"肯定要买些零食，确保可以填饱肚子，万一大家都没有做出好吃的饭菜，也不怕了。不如咱们买几块巧克力吧，方便携带，还有营养！"

"好，那咱们一会儿就去买！"兔小葵对狐飞飞的提议很满意，点着头说道。

到了商场，狐飞飞和兔小葵来到售卖巧克力的区域，开始挑选。

"感觉这个进口的椰树牌巧克力很好吃的样子，我们要不买几块？"

"没问题，但我们先看看价格吧。"狐飞飞经过了这一段时间的学习，已经十分擅长精打细算。

狐飞飞很快就发现了问题。

"小葵，怎么感觉这一排的巧克力好贵，我记得原来可是要便宜不少呢。"望着货架上的价格标签，狐飞飞眉头一皱，疑惑地说道。

109

"你这么说，我也想起来了，我记得椰树牌巧克力以前的价格是 20 元一块，现在居然需要 36 元了。"

兔小葵转头看向货架的另一边，指着写着"国产食品区"牌子的货架，说道："飞飞，你看这边的巧克力都没有涨价。"

"好奇怪啊，似乎只有进口食品涨了价，可这是为什么呢？难道是汇率有变化？"

最终，由于价格原因，两个小朋友只买了一些国产巧克力。

回到家，狐飞飞先把手洗干净，然后坐上了饭桌。电视里正播放着今天的新闻。

"面对可可城对苹果城苹果征收高关税的行为，苹果城也已经对所有从可可城进口的巧克力征收对等的高关税，作为苹果城对于这一关税壁垒的回应。"

"爸爸妈妈，什么是关税壁垒啊？为什么咱们苹果城和可可城会相互征收高关税？我今天去买巧克力的时候，明显感觉从可可城进口的巧克力贵了好多，但是苹果城的巧克力价格却基本上没变化，是不是和这个关税壁垒有关系？"

狐爸爸回答道："这就是关税壁垒的一种结果。飞飞，你想想，如果关税上升了，进口商品是不是要花更多的钱了，那进口商在国内出售这些商品的时候，会怎么办呢？"

"进口商会提高商品的价格，这样才不会亏钱。"

狐飞飞想了想，说道。

"对的。然而，面对涨价的商品，我们还会不会大量购买呢？"

"一般来说，商品变贵了，我们就会减少购买，那这种商品岂不是很难卖出去？"

"没错，因为无法盈利，进口商也就不会再进口这种商品了。这时，就会造成两种结果，一是生产这种产品的外国公司因为出口的减少，其收入也会减少；二是同样生产这种产品的国内公司，因为竞争产品的减少，就能卖出更多的产品，收入会上涨。"

"就像你和兔小葵，因为进口巧克力价格上涨，就没有选择买进口的巧克力，而是选择购买国内生产的巧克力。"

狐妈妈补充道："这次可可城先对我们出口的苹果征收了高关税，违反了两个国家之前签署的贸易平等协议，让我们遭受了不小的损失。所以，我们也对他们的巧克力征收了高关税，以制裁对方的这种行为。"

　　"但出现这种现象，你也不用太过于担心，在贸易全球化的背景下，出现这种摩擦也是不可避免的。就算不能买进口的巧克力，国内的巧克力也一样可以满足我们的需要呀。"

　　"没错！明天野炊，我就带我们苹果城自己生产的巧克力！"

保护环境， 人人有责

今天，狐飞飞在上学的路上，发现大街上出现了一些变化。

"咦？怎么街口的垃圾桶都变了，之前不是一个很大的黑色垃圾桶吗，怎么现在变成四个花花绿绿的不一样的垃圾桶了？"

只见这四个垃圾桶分别被涂成了红色、绿色、黑色和黄色，狐飞飞观察到，似乎每条大街上的垃圾桶都变成了这样。

到了班级里，狐飞飞发现不少同学聚集在教室后面，叽叽喳喳地讨论着什么。

"这些垃圾桶感觉比之前的小了不少，真的可以装得下那么多垃圾吗？"

"每次丢垃圾之前都要按照海报上面的要求先分类，感觉好麻烦啊……"

狐飞飞挤进去一看，原来教室后面的垃圾桶也变成了四个颜色各异的垃圾桶，上面还贴着一张标题是"垃圾分类"的海报。海报上画着各种名称的垃圾，有干垃圾、湿垃圾、可回收垃圾等，海报上还标示了这些垃圾分别需要丢到哪个颜色的垃圾桶中。

"这有什么好的，真麻烦。"狐飞飞嘟囔着撇了撇嘴，转身回到座位上去了。

放学之后，狐飞飞来到牛爷爷的农场，今天是来帮牛爷爷摘草莓的日子。

今天的天气很好，有太阳却不晒，狐飞飞摘草莓的效率都高了很多。

牛爷爷笑着说："飞飞啊，今天摘两筐草莓就可以啦。"

"没关系的，牛爷爷，今天天气很不错，我可以多摘一些草莓！"

"唉，飞飞，不是我不让你摘。罢了，你过来看看吧。"牛爷爷叹了口气，一边说着，一边带着狐飞飞往草莓地的另一边走去。

只见草莓地的另一边被一条黄色的带子围了起来，圈起来的草莓长势很不好，甚至很多都已经枯死了。

"飞飞，这一片草莓地已经不能再种草莓了。"

"为什么呀，牛爷爷?"狐飞飞急坏了。

"因为隔壁的化肥生产厂没有按照要求把生产垃圾运送到垃圾集中处理点，而是偷偷倒在了不远处的荒地里，结果前些天下了雨，那些有毒的生产垃圾顺着水就被冲到我的农场里了，这块草莓地已经被那些垃圾污染了，已经长不出草莓了。"牛爷爷无奈地说着。

115

"啊！太可惜了，怎么会这样?"狐飞飞十分心疼。

"唉，今年我的收成也会因此减少一半。虽然化肥厂按照政府的要求，给了我一笔赔偿金。但是这片土地被破坏了，想要恢复到以前的肥力，至少需要好几年。"牛爷爷叹了口气。

"那牛爷爷，为什么化肥厂要把生产垃圾偷偷倒在荒地里，而没有按照政府的要求送到集中处理点呢？"

"因为这样化肥厂可以省下很多成本。将垃圾运输到比较远的集中处理点，既需要支付交通运输费，也需要支付垃圾处理费，而自己偷偷处理垃圾，就不需要花这么多钱了。"牛爷爷说道。

"可是，这样做的话，虽然厂商自己省了钱，却把风险转移到了牛爷爷身上，还会给其他人和大自然都带来坏处，这个不良厂商真是过分！"狐飞飞义愤填膺，气呼呼地说道。

"所以飞飞，你们现在就要培养起环保意识，不能只顾着眼前的利益，还要思考，污染环境的行为对于未来的坏处。就像垃圾分类，虽然这样会花费一些时间，但是对于后续的垃圾处理和环境保护都有好的作用。"牛爷爷拍了拍狐飞飞的头，笑着说。

"我明白了。牛爷爷，我们要保护好环境，这样您的草莓地就不会被污染，您也可以继续种草莓了！"

牛爷爷语重心长地说："不错，飞飞，这就是可持续发展。咱们在发展经济的时候呀，也不能给未来的经济发展制造问题。比方说污染环境就会让耕地越来越少，乱砍滥伐就会让未来的气候变差，甚至会频繁出现沙尘暴这类极端恶劣的天气……所以，为了未来的经济发展，为了减少未来要面对的环境风险，也为了我们的子孙后代，我们一定要保护环境。"

回到家，狐飞飞认真思考着牛爷爷的话，回想着牛爷爷被污染的草莓田。

"辛辛苦苦种的那么多草莓都枯萎了，牛爷爷一定很心疼。"想到这里，狐飞飞一下子站起身，眼中闪烁着坚定的光芒。

"我现在就按照之前在学校看到的垃圾分类知识，去给家里的垃圾分类吧！保护环境，就从垃圾分类做起！"

于是，当狐爸爸和狐妈妈晚上回家时，他们惊讶地发现家门口整整齐齐地放着四个垃圾袋。

"飞飞，这些垃圾是你分好类的吗？"

狐飞飞回答道："是我是我！听牛爷爷说，垃圾分类对我们的大自然会更好！我要保护我们的大自然！"

"我们的飞飞真懂事，都已经了解可持续发展了！"狐爸爸拍了拍狐飞飞的头，欣慰地笑着说。

"那当然！我可是苹果城的环保小卫士！"

"哈哈哈……"

118

广场上的金苹果树正舒展身体，枝叶随风摇曳着，在夜色下结出了一颗大大的金苹果……